U0661342

徐汇区科普创新项目（KPCX-2020-0051）
上海交通大学医学院科技创新项目（人文社科类）（WK2017）
国家重点研发计划资助项目（2016YFC0906300）
上海德济医院人才培养计划（RC02-202101）
上海健康医学院精神卫生临床研究中心项目（20MC2020005）

情绪及情绪相关障碍的自我管理手册

主　编　洪　武　吴志国
副主编　范　青　王　凡

内容提要

本书是一部为解决心理治疗资源有限问题的科普工具书，旨在促进情绪和情绪相关障碍患者及其家属对疾病和症状的认识，了解在接受医学治疗外如何通过自我调整，尤其是从人际关系、饮食、睡眠、运动等日常生活方式中进行调整，加强自我管理。既有助于疾病的治疗，减少复发，更有助于生活、社交和社会功能的康复，降低社会经济负担。本书通过传统媒介和新媒体结合的方式，帮助患者和大众加强自身的调整，提高自我心理弹性，加强面对疾病和困境时的适应能力。本书不仅适用于抑郁症、双相障碍、焦虑障碍等疾病患者，其他疾病的患者和普通民众也将从中获益。

图书在版编目(CIP)数据

情绪及情绪相关障碍的自我管理手册/洪武，吴志国主编. —上海：上海交通大学出版社，2022.1

ISBN 978-7-313-25215-9

Ⅰ.①情…　Ⅱ.①洪…②吴…　Ⅲ.①情绪—自我控制—手册　Ⅳ.①B842.6-62

中国版本图书馆CIP数据核字(2021)第201925号

情绪及情绪相关障碍的自我管理手册
QINGXU JI QINGXU XIANGGUAN ZHANGAI DE ZIWO GUANLI SHOUCE

主　　编：洪　武　吴志国
出版发行：上海交通大学出版社　　地　　址：上海市番禺路951号
邮政编码：200030　　电　　话：021-64071208
印　　制：上海锦佳印刷有限公司　　经　　销：全国新华书店
开　　本：880mm×1240mm　1/32　　印　　张：6.625
字　　数：141千字
版　　次：2022年1月第1版　　印　　次：2022年1月第1次印刷
书　　号：ISBN 978-7-313-25215-9　　ISBN 978-7-89424-266-2
定　　价：58.00元

序

人有七情，情绪是情感活动的外在表现。随着社会的发展，情绪问题越来越多地困扰着大众。情绪相关障碍的患病率呈逐年上升趋势。除抑郁症、双相障碍及焦虑障碍等常见情绪相关障碍外，人们在患病或经历特殊事件，如新型冠状病毒肺炎(COIVD－19)疫情等重大突发公共卫生事件后，也极易伴发焦虑、恐惧及抑郁等情绪。因此，情绪相关障碍是严重影响公众心理健康的公共卫生问题。

情绪相关障碍患者需要专业、规范与系统的治疗，药物治疗是有效的手段，心理治疗、自我调整和生活方式的改变也非常重要。认知行为治疗、人际社会节奏治疗、心理健康教育、自我管理、光照治疗、运动疗法及饮食干预等对于抑郁症、双相障碍等疾病的治疗具有重要作用。其中，心理健康教育对于情绪相关障碍患者的疗效可能不亚于认知行为治疗，但治疗时间和人力成本远远低于其他治疗方法。此外，国内外情感障碍的相关指南指出：自我管理是双相障碍患者长期疾病管理模型的重要构成因素之一，强调给予患者自我管理支持，授权并协助患者管理其自身的健康和保健，学会使用有效的自我管理支持策略，包括自我评估、目标设定、行动计划、问题解决和随访等，以促进康复、改善预后。

由于心理治疗资源的有限性，大部分患者难以获得足够和恰当的心理治疗服务。可喜的是，心理治疗相关的大部分知识和技能多可自助获得，或在专业人员简单指导下自我调整。因此，加强对情绪和情绪相关障碍患者的科普宣教，促进和指导健康生活方式，掌握疾病的基础知识，学会一些简单有用的技能，加强自我管理能力等，将有助于治疗优化、减少复发、促进社会功能康复。

基于国内外研究和相关指南的推荐，作者编撰了《情绪及情绪相关障碍的自我管理手册》，从认知和行为训练、人际社会节奏治疗、光照治疗、运动疗法、香薰、生活方式改变、饮食干预等多角度进行心理健康教育，并提供自我管理技能，希望帮助患者或普罗大众进行自我管理，自我心理调节，从而提升治疗效果，减少复发，促进社会功能恢复，增强心理弹性。同时，本手册以二维码形式在纸质书中植入电子资源，结合微信公众号等自媒体，取长补短，以适合不同年龄、文化程度、使用场合的需求，从而使更多的患者获益，弥补心理治疗资源的不足，节省卫生资源，减轻疾病负担。

求人不如求己，自渡晴空万里。唯愿更多的人沐浴灿烂阳光！

上海交通大学医学院心境障碍诊治中心主任

方贻儒

2021年7月

前 言

抑郁、焦虑及恐惧等情绪是抑郁症、双相障碍及焦虑障碍的主要症状，也是其他精神心理、躯体疾病常见的共病症状。抑郁症、双相障碍和焦虑障碍是最常见的精神心理疾病，是严重危害人类身心健康的精神疾病与公共卫生问题。

人们面对生活事件，如当下的 COIVD－19 疫情、亲人丧失等逆境、创伤、悲剧、威胁或其他重大压力时，如果缺乏良好的适应过程（即心理弹性），极易出现焦虑、抑郁等情绪问题，从而对生活带来极大的负面影响。其中，心理弹性包括接受并战胜现实的能力、在危机时刻寻找生活真谛的能力和随机应变想出解决办法的能力，与人际关系、社会支持、生活习惯、生物节律和自我情绪管理能力等多种因素相关。

人际社会节奏治疗可以通过联合人际关系和社会节奏治疗来稳定患者的社会节律或日常生活，同时提高患者人际关系的质量和对社会角色的满意度，帮助患者学习如何制订和完善日常计划、调整睡眠和觉醒的节律、改善生活节奏、提高生活质量，从而促进康复。此外，光照治疗、饮食干预、运动治疗、心理健康教育和自我管理等都被证实在抑郁症、双相障碍治疗中具有重要作用。对于情绪障碍患者而言，心理健康教育的疗效可能不亚于认知行为治疗，但治疗时间和人力成本远远低于其他心理治疗方法。此外，加拿大的《情绪和焦虑治疗网络（Canadian

Network for Mood and Anxiety Treatments，CANMAT）（2018年）指南》也肯定了自我管理是双相障碍患者长期疾病管理模型的重要构成因素之一，强调给予患者自我管理支持，授权并协助患者管理其自身的健康和保健，学会使用有效的自我管理支持策略，包括自我评估、目标设定、行动计划、问题解决和随访等对治疗情绪障碍具有重要作用。

因此，对情绪和情绪相关障碍患者加强科普宣教，促进和指导患者的健康生活方式、掌握疾病的基础知识、学会一些简单的技能、加强自我管理能力等，将有助于情绪和情绪相关障碍患者的治疗，减少复发，促进社会功能康复。同时，对普通民众而言，学会一些简单的心理技能也可以有效地增强心理弹性，从而更好地应对生活中遇到的各种压力和挑战。

本手册主要从认知治疗、光照治疗、饮食干预、运动治疗、心理健康教育和自我管理等目前比较流行的心理自我管理和治疗方法出发，帮助读者在自我情绪管理方面获益。

上海市精神卫生中心主任医师

洪　武

2021年7月

目　录

第一章

认识情绪

第一节　认识常见的情绪相关症状 — 003
第二节　情绪和情绪相关疾病的治疗方法 — 008
第三节　容易引起情绪症状的疾病和状况 — 014
第四节　不良情绪的自我识别与自主评估 — 021
第五节　认知与情绪 — 026
第六节　情绪疾病也会觉得“痛” — 034

第二章

应对不同环境和处理人际关系

第一节　如何应对逆境 — 043
第二节　怎么和你在一起 — 049
第三节　建立人际关系清单 — 054
第四节　重建社会支持系统，促进心灵愈合 — 060
第五节　情绪问题的心理支持及家庭支持 — 068

第三章

对抗情绪问题，管理情绪

第一节　情绪管理 079
第二节　医生，我能不能不吃药 085
第三节　正念——一生的修行 091
第四节　中医与情志 099
第五节　压力之下给自己“放个假” 109
第六节　光照与情绪 122
第七节　健康饮食与情绪 129
第八节　动起来，甩掉“情绪垃圾” 140
第九节　打造井然有序的规律生活 146
第十节　健康睡眠与情绪 152

第四章

情绪调节的特殊方法

第一节　色彩与情绪 161
第二节　音乐是生活中最美好的一面 168
第三节　抒情惬意田园风 176
第四节　园艺疗法与抑郁症康复 183
第五节　芳香疗法的应用 187
第六节　让心灵在身体中栖息 193

参考文献 198

第一章 认识情绪

第一节　认识常见的情绪相关症状
第二节　情绪和情绪相关疾病的治疗方法
第三节　容易引起情绪症状的疾病和状况
第四节　不良情绪的自我识别与自主评估
第五节　认知与情绪
第六节　情绪疾病也会觉得“痛”

第一节　认识常见的情绪相关症状

很高兴你能打开本书，可能你或你身边的亲友正遭遇负面情绪的困扰，可能你对情绪障碍充满困惑，也可能只是出于单纯的好奇，我们将带你认识常见的情绪相关症状，方便你自我识别及寻求有助的方法。

一　你可能听说过的症状

1. 抑郁症状群

作为最常见的情绪症状，相信你或多或少见到过甚至经历过。绝大多数人将抑郁状态描述为“心情不好”。具体来讲，比如：悲伤、沮丧、忧愁、自卑等；还有一些人会把这个状态表述为一种“茫然”，感觉一切都不重要了，对生活中的事情失去了乐趣，未来没有了方向；还有一些人会将抑郁的感觉归类成“疲劳感”，什么都没做却觉得很疲惫，没有动力也没有精神。

抑郁患者的回溯：抑郁的状态就好像我是一只本就不怎么饱满的气球，不知在哪被扎了一下，气球缓慢地漏气，越来越虚弱，想给自己打打气，但是浑身都使不上力。我僵住了，时间不在我身上继续流动。

2. 躁狂症状群

躁狂最常见的表现是"兴奋"。但我们这里说的可不是普通的兴奋，处于这个状态的人可表现为明显强于正常状态的兴奋。部分患者会出现激惹性增高，可能因为一点小的事情就发脾气，甚至冲动伤人、毁物；他们精力充沛，甚至不睡觉也不觉得疲惫。另一方面，他们自我感觉良好，觉得自己很聪明，实施大量不切实际的计划；觉得大家都喜欢自己，购物挥霍，社交作乐；严重的躁狂患者甚至可能伴随精神症状，彻底失去对自己的控制。

躁狂患者的回溯：躁狂的时候我感觉自己就是"King of the world(世界之王)"，我要在宇宙中心指点江山，所有人都崇敬我，所有姑娘都爱慕我，我是绝对的正确、绝对的权威，谁敢置疑我，我就要踩碎他。

3. 焦虑症状群

焦虑是情绪症状里的一大类。"惴"这个字很形象地为我们描述了焦虑者的样子——一个人既发愁又害怕，诚惶诚恐又坐立不安。现代生活压力大，每个人都有过焦虑的感受，担心、紧张、烦躁、害怕、不安……如果你还是不能理解，那么让我们来设想一下：此刻你正在看这本书，突然手机响了，有消息告诉你，你的考试、报告、汇报半小时后马上且必须上交，又或者你参加的面试、体检、应聘明天上午会出结果。我相信你此时已经切实地感受到了“焦虑”。

有些人的焦虑非常强烈，就有可能出现“惊恐发作”，表现为突然胸闷、心跳加快，好像喘不过气、快要窒息、有濒死感。马上送医院急救，结果到了医院，却平稳下来了，查不出任何器质性疾病。

焦虑患者的回溯：我就是热锅上的蚂蚁，它们有一百万只脚在跳舞，每一只脚都踹在我心上，万蚁噬心。我惶惶不可终日，甚至知道自己的担心是多余的，可这世界上真的有什么东西是多余的吗？所有人都劝我不要这样，说得好像是我自己乐意“遭罪”一样。

二 你可能没听说过的症状

1. 恐怖症状群

简而言之就是害怕，但是害怕的程度已经严重影响到了正常生活和社会功能的地步。可能是对特定地点或物体的恐惧，比如：动物、昆虫、锐物、黑暗、雷电、注射、学校及幽闭空间等，也可能是在面临社会交往或特定场合时感到恐惧。

幽闭恐惧患者的回溯：我一直站在窗边，希望能看见窗外风景的变化，胸口很闷，心脏突突地跳，想哭又想喊。我害怕从任何什么地方钻出恐怖的东西，床底、门缝、桌子下面，我知道应该不会，但是我就是害怕。

2. 躯体症状群

你也许会好奇，说好的情绪问题里怎么掺进了躯体症状？我们这里要说一个比较重要的知识点——不能说出口的情绪，人体会将它转化成躯体的症状。所以，那些反复在医院查不出原因的腰酸背痛、头晕头痛、胸闷气短、心慌心悸、腹痛腹泻……很可能是身体在闹脾气。

情绪导致躯体不适的患者回溯：我也没做什么事，但是我每天就是很累，肩膀很疼，有时候脖子和腰也疼，具体说不清，喉咙也发干，我去了好几个医院，骨科、消化科、神经内科都检查了，说我没有毛病，但是我就是感到不舒服，浑身难受。

认识了上面这些症状群，我们对情绪问题的核心症状就有了最简单、直观的了解。你现在对情绪症状的敏感性提高了，你已经装好了一座情绪问题的警钟。是不是没有发现上述这些症状就完全不用在意了呢？情绪感受是很主观的，有些人非常“坚强”，十分擅长隐藏自己的情绪；有些人非常“狡猾”，他们狠起来连自己都骗。那是不是只要有上述的症状就一定是“生病”了呢？典型的情绪症状对疾病有一定的指向性，但明确疾病归类则需要予以更多维度的衡量。人类的情绪起起伏伏，每个人在某个人生阶段都有过各种喜怒哀乐，这当然是再正常不过的。可是，如果你或身边的亲友长期处于上述某些症状群走不出来，这就十分值得警惕了。想知道如何量化甄别、如何改善、如何缓解，请继续看下去吧！

（上海市黄浦区精神卫生中心　曹彤丹）

第二节　情绪和情绪相关疾病的治疗方法

面对高强度的工作状态、高压力的生活环境，很多人的情绪似乎出现了问题。如何保持一个良好的心理状态，也不再是人们避而不谈的话题。那么，如果情绪出现了问题，我们该如何从容应对呢？

有报道指出：初期阶段症状较轻时，可以采用心理治疗为主的治疗措施，如倾诉、释放、自我暗示及肯定、认知行为治疗、动力学治疗等。当心理治疗无效或情绪问题进一步加重时，我们可能需要将治疗方法升级——如药物干预、物理治疗等。关于药物的选择，可根据不同的人群、不同的症状及药物依从性等多方面进行综合考量，制订个体化方案。当疾病加重或反复时，可以考虑在药物的基础上联合物理治疗，如无抽搐改良电休克治疗（modified electric convulsive treatment，MECT）、重复经颅磁刺激（repetitive transcranial magnetic stimulation，rTMS）、经颅直流电刺激、θ爆发刺激、深部脑刺激等。为了改善和恢复患者的社会功能，必要时需联合康复治疗，如音乐治疗、绘画治疗及运动治疗等。总之，情绪或情绪相关问题是一类多元化的疾病，因果伴行，相互影响。因此，需要采用个体化的综合治疗方案。

一 什么是抑郁症

在当今高速发展的节奏下，心理健康问题备受关注，如今大众对于心理疾病也不再像从前那样“谈闻色变，避而远之”。害怕上班、不敢回家、没有动力、有想吵架的冲动、莫名的紧张、担心等，这些问题在我们的生活中变得越来越常见，如果这些状态只是偶尔出现或者短暂持续数天便消失，需要警惕情绪相关疾病出现的可能。如若上述情况持续存在 2 周甚至更久，并对生活、工作及家庭等职能产生了一定的影响，甚至出现悲观厌世的情况，此时需要响起“抑郁症”的警钟，及时就医，在医生的指导下进行治疗干预。

二 如何治疗抑郁症

关于抑郁症的治疗，目前临床上使用较多的方案包括心理治疗、药物治疗、康复治疗及物理治疗。抗抑郁药是当前治疗抑郁症的主要药物，总体有效率为 60%～70%。心理治疗可以改变患者的负性自动思维、提升内在动力、增加药物治疗的依从性，是轻症患者的重要治疗手段、中重度患者的有效增效方式。物理治疗如 MECT，可作为抑郁症状严重时（如出现了消极自杀行为）的首选。同时，与 MECT 相类似，rTMS 对于难治性抑郁症有一定的疗效。

那么，到底该如何选择抑郁症的治疗方案呢？首先，药物治疗是首选的方案。我们知道，抑郁症会导致人体内一系列神经递质水平[例如，5 羟色胺（5 - HT）、多巴胺及去甲肾上腺素]的异常，服用药物可以调整甚至纠正体内神经内分泌系统的紊乱状态。目前，常用的药物类型有：选择性5-HT再摄取抑制剂(selective serotonin reuptake inhibitors，SSRIs)(例如，氟西汀、帕罗西汀、氟伏沙明、舍曲林、西酞普兰及艾司西酞普兰)、5-HT和去甲肾上腺素再摄取抑制剂(serotonin-norepinephrine reuptake inhibitors，SNRIs)(例如，文拉法辛、度洛西汀)、去甲肾上腺素和特异性5-羟色胺能抗抑郁药(例如，米氮平)、去甲肾上腺素-多巴胺再摄取抑制剂(例如，安非他酮)、5-HT受体拮抗/再摄取抑制剂(例如，曲唑酮)、褪黑素MT1和MT2受体激动剂和5-HT2c受体拮抗剂(例如，阿戈美拉汀)等。

在服用药物的过程中需要做到个体化，并且监测可能出现的不良反应。如高血压患者要尽量谨慎使用文拉法辛；伴有精神病性症状的患者要慎用安非他酮，优选氟伏沙明等药物；由于米氮片具有改善食欲的作用，因此对于有肥胖、糖尿病等问题的人群需要谨慎使用；对于伴强迫症的患者常优选较大剂量的SSRIs或氯米帕明；伴有明显激越的患者宜选用具有镇静作用的抗抑郁药，如米氮平、帕罗西汀及氟伏沙明等。

三 是否服用药物就可以治好抑郁症

答案是“不一定”。我们发现，有一部分抑郁症患者仅仅使用药物治疗对其症状的改善作用并不理想，甚至毫无作用。这部分患者可能会发展为难治性抑郁症。因此，在药物治疗过程中可能需要联合其他治疗方法，如物理治疗。

目前，抑郁症常用的物理治疗方法有MECT、rTMS、θ爆发刺激、深部脑刺激。深部脑刺激是一种微创手术治疗，目前多在综合性医院中开展，但其受限于有创手术，费用昂贵，尚未大范围推广。MECT 和 rTMS 的使用则较为广泛，具有起效快、安全性高、不增加患者的痛苦感等优势。其中，rTMS 主要通过磁场脉冲无创刺激大脑前额叶皮层，进而调节修复大脑内负责情绪调节相关的神经回路。目前认为使用 rTMS 治疗达到预期效果后，后期仍需要必要的药物治疗以维持最佳的疗效。

对于抑郁症发作较为严重的部分患者，如有严重的消极观念或行为、缄默甚至木僵状态（不吃、不喝、不语及不动等）时，予以 MECT 治疗也可有助于快速缓解病情。

四　为什么住院时情绪改善了，出院后又不好了

大部分抑郁症患者存在一定社会心理问题。如：家庭关系不和谐、婚姻不幸、丧偶、童年创伤、性骚扰、虐待等；也有一部分患者同时存在人格障碍。面对这部分患者，倘若仅采用药物治疗和物理治疗的方案可能无法达到理想的效果。因此，需要及时介入心理治疗。针对抑郁症患者的心理治疗种类较多，精神动力学疗法、认知行为疗法、个体心理治疗、团体心理治疗、家庭治疗及支持治疗等均可作为推荐的治疗方法。心理治疗的目的旨在帮助这类群体在遇到困难、挫折或者类似困境时，能够更好地管理情绪以及矫正其思维模式。认知行为治疗通过矫正患者的认知偏见，减轻情感症状，改善行为应对能力；人际心理治疗主要处理抑郁症患者的人际问题，提高他们的社会适应能力；婚姻或家庭治疗可改善患者的夫妻关系和家庭关系，减少不良家庭环境对疾病的影响；一般支持性心理治疗可适用于各类抑郁

症患者。我们需要理解，心理治疗并非短程治疗，和药物治疗一样，需要长期随访，并根据当下情况作出相应的调整，直至完全停止。

五 康复治疗是否有必要纳入治疗方案中

抑郁发作患者会呈现沉默少语、懒散被动的状态，甚至反复发作，导致住院时间明显延长。患者在疾病康复期再次回归和融入社会时很容易出现不适应等一系列困难，从而影响情绪。康复治疗有助于抑郁症患者恢复社会功能，更好地融入和回归社会。目前，康复治疗方法主要有艺术疗法（绘画、音乐）、工娱治疗、运动疗法等。康复治疗也适用于亚健康和轻度抑郁的患者。这部分患者可以首先采用非药物治疗（如：倾诉、释放、自我暗示及肯定、音乐治疗、运动疗法等）以舒缓情绪、减轻压力。

每位患者需接受所有治疗方法吗？

答案肯定是“否”。个体化原则应该贯彻在整个治疗过程中，每个人的情况存在个体差异，治疗方案需要针对不同的症状、不同的问题和不同的人群。选择合适的方案才能对症下药，兼顾患者需求，建立良好的医患同盟，帮助患者早日康复。

六 什么时候可以停药，是否病情好转了就可以停药

大多数患者在抗抑郁药起效前，持悲观绝望的态度，而一旦治疗见效，病情稍微好转，就想马上停药，这是万万不可取的。需要知道，抗抑郁药起效较慢，通常需要 2～4 周才能起效，并且

需要一段时间的维持治疗，以维持大脑中神经递质的浓度。此外，抑郁症复发率高达 50%～85%，其中 2 年内的复发率约 50%，患者轻易自行停药极易使抑郁症状反复，增加后续治疗的难度，甚至导致难治性抑郁症。所以，为促进患者良好的预后、防止复燃/复发，我们倡导全病程治疗，即 6～12 周的急性期治疗、4～6 个月的巩固期治疗和 2～3 年的维持期治疗。是否停药、何时停药、如何停药，建议与专业医生进行沟通，在其指导下完成减药或者停药的过程。

当自己感觉到情绪出现异常时，不要恐慌，可先通过自我调节的方法进行干预。倘若已无法自我调整或者进一步加重，不要犹豫，建议及时去专科医院精神科门诊/综合性医院心理科门诊诊治。最后，我们需要理解，“医患”是一个同盟，患者的配合、自我的发现和诉说、医生的理解和全程参与，已经成了治愈“抑郁症”不可或缺的重要部分。

（上海交通大学医学院附属精神卫生中心　彭代辉）

第三节　容易引起情绪症状的疾病和状况

“情绪”是一个人们常挂在嘴边的词，它不仅影响自己和周围的人，同时还会潜移默化地改变我们的未来。“控制情绪”是当下的一个热门话题。然而要做到控制情绪，首先就要做到及时察觉情绪波动。情绪波动不仅出现在身患疾病时，还有可能发生于各种不同处境和经历当中。你有没有遇到过这种情况？身体不舒服、似乎也“嗨”不起来？举杯消愁愁更愁了？喝点小酒却没承想整个人“飘”了；女生每月总有那么几天情绪难以琢磨；怀孕的妻子秒变“磨人的”小妖精，爱耍小性子；更年期的妈妈总是怒发冲冠……

来，让我们一起了解一下是什么原因引起了情绪的变化。

一　容易导致情绪波动的身体问题

哪些疾病和状况容易引起情绪症状

情绪波动与身体情况有关联吗？答案是肯定的。躯体疾病所致的情绪波动一般分为三类。

1. 脑部疾病

任何脑部疾病都可能导致情绪波动。如：颅内感染、癫痫、脑肿瘤及脑血管疾病等。患者可以出现欣快、焦虑、烦躁易怒、情绪不稳定、情感脆弱或淡漠等表现。

2. 躯体疾病

在众多躯体疾病中，以内分泌疾病者多见情绪问题。常见的躯体疾病有甲状腺功能亢进症（简称“甲亢”）、甲状腺功能减退（简称“甲减”）、甲状旁腺功能异常、肾上腺皮质功能异常等；其他躯体疾病，如心血管系统（心脏病）、呼吸道（哮喘）、消化系统等，常直接或间接导致患者抑郁、焦虑及失眠，有的还出现易激惹、情绪不稳，时而欣快时而抑郁的表现，但多伴相应的其他症状。

当然，除了疾病本身的影响，疾病所致的身体功能障碍、残疾也引起应激性和适应性情绪改变的问题。再者，疾病所带来的失控感、病耻感和无助感也容易产生沮丧情绪。注意力过度集中在疾病上也使患者难以摆脱不良情绪。灾难化的认知似乎磨灭了乐观，并加重了对未来的恐惧和焦虑。情绪变化又作为应激源进一步加重和引起疾病的发作和持续，如此形成恶性循环。故优先处理躯体疾病时，也需同时处理这些继发的情绪症状，以达到双管齐下的效果。

3. 药物

长期服用精神活性物质（如酒精、咖啡因、海洛因等）容易使患者出现抑郁、躁狂及焦虑等障碍，其戒断反应除了强烈渴求外，还常常引起抑郁、焦虑、烦躁不安及易激惹等情绪问题。其他药物如左旋多巴、赛庚啶、类固醇皮质激素甚至抗抑郁药物也可导致患者继发出现情感高涨、焦虑等情绪问题。

俗话说:“酒逢知己千杯少”。在当今这种“感情深,一口闷;感情浅,舔一舔”的酒桌文化下,饮酒是普遍的社会风俗。饮酒后的反应可以分为兴奋期和麻痹期表现。兴奋期从饮酒初始,随饮酒量的增多逐渐表现心情愉快、好吹牛、滔滔不绝、难以打断、自来熟。直至麻痹期,表现为情绪不稳,甚至言行具有冲动性,走起路来摇摇晃晃,发音不清(说话大舌头)。很多时候人们对喝酒有个误解:快乐时酒是神仙水,忧愁时酒是忘情水。但实际结果是“借酒消愁愁更愁”,因为人们在反复大量饮酒后常可引起严重的抑郁症状,部分酒精依赖患者曾有强烈的抑郁体验。

二 容易出现情绪症状的生活处境

情绪在中医学中,也称为“情志”,也就是“七情”,分别是喜、怒、忧、思、惊、悲及恐。七情是人正常的情绪,但外界情况的变化也会引起的相应的情绪状态,称为应激。适度的应激可以提高个体的警觉水平,给人带来鼓励和振奋,使人适度地紧张、兴奋,精力充沛,致力于奋斗拼搏,有利于个体的生存与创造。然而,超出个体承受能力的精神应激则易形成精神创伤,导致显著的情绪波动、焦虑、恐怖及抑郁等严重情绪问题。人们暴露于创伤或应激性事件后的症状多种多样,有些人以焦虑和恐惧为主要表现,有些人则表现为快感缺失、烦躁不安,乃至于愤怒和出现攻击行为。

1. 急性应激障碍

急性应激障碍指突然发生且异乎寻常的强烈应激性生活事件所引起的一过性精神障碍。在遭遇强烈的精神刺激因素后的几分钟至几小时内发病，及时治疗，预后良好。多数患者 1 周内症状可消失，精神状态可完全恢复正常；部分患者病程可达 1 个月。发病的直接因素是突如其来且超乎寻常的威胁性生活事件和灾难，如重大交通事故，亲人突然死亡，遭遇歹徒袭击，被虐待、强奸或重大自然灾害（如特大洪水、地震和战争）。

急性应激障碍患者的症状有很大的变异性，但典型表现是最初出现“茫然”状态，紧接着是激越性活动过多（如逃跑反应或神游），或是对周围环境进一步退缩，期间常伴有惊恐、抑郁及焦虑情绪。

2. 创伤后应激障碍

当急性应激障碍超过 4 周后，就可能发展为创伤后应激障碍。这些人常出现痛苦梦境，回避创伤和创伤有关的场景、甚至有关事情，持续焦虑和过度警觉，容易受到惊吓，常带来巨大痛苦，严重者可能万念俱灰以致自杀。

3. 适应障碍

适应障碍是一种短期和轻度的烦恼状态及情绪失调，常影响社会功能，但不出现精神病性症状。本病的发生是对于某一明显的处境变化或应激性生活事件所表现的不适反应。适应障碍的发生与否，同时取决于应激源强度和个性心理特征两方面的因素。应激源常是某类生活事件：如居丧、离婚、失业或变换岗位、迁居、转学、患重病、经济危机及退休等。在同样的应激源作用下，有的人适应良好，有的则适应不良，并不是所有的人都表现适应障碍。患者个性心理特征（即人格）起着不可忽视的作用。例如，个体的脆弱性强，即使应激源的强度并不很大，也有可能引起适应障碍。

适应障碍多发生在应激性事件后 3 个月内。患者的临床症状变化较大，以情绪和行为异常为主。常见症状为焦虑不安、烦躁、抑郁心境、胆小害怕、注意力难以集中及易激惹等，还可伴有心慌和震颤等躯体症状。老年人可伴有躯体不适，成年人多见抑郁或焦虑症状，青少年可表现为情绪不稳定、冲动行为，儿童多表现为尿床、言语更为幼稚或咬手指等。

三 女性特殊时期的情绪波动

俗话说："女人心海底针"。这句话可以形象地说明部分女性经历某些特殊时期时的情绪变化，包括经前期综合征和妊娠期情绪问题、产后抑郁及围绝经期综合征等。

1. 经前期综合征

经前期综合征是指月经前 5～7 天出现的一种躯体和精神障碍，月经开始后自行消退。症状在月经来潮前 2～3 天最为严重，月经来临后缓解。有些女性的症状持续时间较长，一直延续到月经开始后的 3～4 天才完全消失。经前期综合征常见于 30～40 岁的育龄期妇女。国外报道，有 75%的妇女不良情绪一般为轻度至中度，重度情绪不良的比例占 3%～5%。重度经前期综合征的特征是情绪不稳，易烦躁、争吵、焦虑及敏感，也常有抑郁表现。除此以外，还伴有许多躯体不适，如头痛、失眠、注意力不集中、尿急、无力及感觉异常等。少数严重者的症状可能符合抑郁障碍诊断标准，并随月经周期性发作。经前期综合征的病因与神经内分泌和神经递质功能改变、遗传和社会心理因素等有关。

2. 妊娠期情绪问题

妊娠期情绪问题一般在怀孕的前 3 个月及后 3 个月比较明

显。孕妇在妊娠早期 3～4 个月，丘脑-垂体-性腺内分泌系统处于不稳定的变化中，极易出现情绪不稳、易激动及焦虑等表现。除具有上述症状外，前 3 个月还表现为早孕反应的加重，并有厌食和睡眠习惯的改变等；到妊娠中期情绪状态一般随着内分泌系统逐渐稳定而趋于稳定；后 3 个月容易出现对胎儿健康及分娩过程的担忧、紧张及思虑过度，伴有持续加重的乏力、睡眠障碍以及食欲下降等躯体不适的症状。研究发现，妊娠期的部分孕妇曾出现程度不等的抑郁心境，有的符合抑郁发作的诊断标准。

3. 围产期抑郁发作

美国《精神障碍诊断与统计手册（第 5 版）》（DSM－5）定义围产期抑郁发作是指在整个怀孕期间至产后 4 周内达到抑郁发作诊断标准的情况。产后妇女的性腺内分泌改变，同时分娩是一个典型的生理心理应激，容易出现多种情绪变化，常表现为情绪低落、苦闷、伤感、紧张、恐惧、焦虑及烦躁不安，处于抑郁状态的新妈妈往往不能有效地照顾婴儿，并由此感到内疚自责。产后抑郁状态一旦达到抑郁发作的诊断标准，建议接受规范的治疗，否则复发风险会更高。

产期妇女除了存在明显的神经内分泌变化，社会心理因素的变化也十分突出。生产后躯体的不适、从少女到母亲的角色转换、坐月子迥异的风俗习惯，以及婆媳关系、夫妻关系的磨合等心理社会因素与产后抑郁障碍的发生密切相关。早年家庭关系、婚姻问题、不良生活事件、支持不足、社会和经济地位低下、人际关系敏感及神经质等均为产后抑郁障碍发生的风险因素，有抑郁障碍史或有阳性家族史也是重要的风险因素。此外，甲状腺功能紊乱与产后抑郁障碍有关。因此，产后抑郁障碍患者需进行甲状腺功能检查。

4. 更年期综合征

更年期妇女卵巢功能减退，垂体功能亢进，分泌过多的促性腺激素，可以导致诸多躯体器官和系统的功能紊乱，从而引起精神心理、神经内分泌和代谢等方面的变化，伴随相应器官系统的症状和体征，称之为更年期综合征。临床常见的是更年期焦虑和抑郁，临床表现与抑郁症、焦虑症相像。抑郁症患者主要表现为情绪低落、缺乏动力、对事物缺乏兴趣和乐趣、生活无愉快感、思维迟钝、消极言行、懒散及睡眠障碍等。焦虑症患者主要表现为终日焦急紧张、心神不定，无对象及无原因的惊恐不安；严重者可见坐立不安、搓手踩脚，并伴有多种自主神经系统症状和躯体不适感。睡眠障碍患者主要表现为入眠困难、睡眠浅、易惊醒和睡眠时间减少；其中抑郁时常伴明显的焦虑、躯体感觉异常、忽冷忽热、出汗增多，称为“潮热”；有时伴有头晕、胸闷、气短、心跳加快及血压升高等症状。部分更年期妇女伴随着焦虑情绪可以出现尿频、尿急等症状，在排除尿路感染等身体问题后应注意情绪的影响。

人生路漫漫，情绪常相伴。发现情绪，感知情绪，知所以然，应让一切更坦然。

（厦门市仙岳医院　许雅娟）

第四节 不良情绪的自我识别与自主评估

人有“七情”，即喜、怒、忧、思、悲、恐和惊，我们每个人无时无刻不在体验着这些情绪。这些情绪本身是机体对外界环境刺激做出的正常反应，是一种自然的适应性调整，可以让我们更好地适应环境。任何积极的或消极的情绪都有其功能。比如，恐惧，告诉我们要逃跑或自我保护，或者促使我们反击等；但以上任何一种情绪状态如果持续时间过长，或强度过大，都对健康不利，甚至致病。生活中有些被过度压抑的情绪可能通过一些心理和身体症状表现出来，如焦虑、抑郁及躯体症状等。

因此，如何觉察自己的情绪，识别和评估情绪状态显得尤为重要。生活中要学会及时识别情绪，并能用语言或文字表达出具体的感受。比如，“我很痛苦，我觉得自己被忽视了，我很失落……”。只有把内在的情绪表达出来，才意味着你能掌控你的情绪。

一 如何识别自己的情绪

关于识别自己的情绪，心理学家给出了以下建议。第一步：

闭上双眼，想象你的脑海里有一个空白的屏幕；将全部注意力集中在屏幕上，关注你的内心。第二步：问自己："现在我有什么感觉？"第三步：仔细关注你的内心活动。注意那些跳入你脑子里的杂念并快速抹去它们；并且集中于这个问题："现在我有什么感觉？"第四步：试着辨识你的感觉，并用文字描述它。第五步：如果你很难辨识出任何感觉，可以翻看查阅情绪词汇表。当你找到了可以比较准确地描述你的感觉的词，记录下来。

二 如何评估自己的情绪

以下从五个方面进行概述。

（1）某一种情绪在什么情境下发生。以愤怒为例：愤怒是一种常见的情绪，人处于愤怒状态血压升高、心率加快，经常容易生气的人容易罹患心血管疾病。要对情绪进行观察，就要去总结这种情绪通常会在什么情境产生。比如：发生什么事？跟什么人在一起？什么时间？在什么地方？

（2）评估情绪对人产生的影响。同样，以愤怒为例：愤怒时身体的反应是什么？对人际关系的影响是什么？对具体事件的影响是什么？

（3）评估情绪的强度。通常采用视觉评分法来评估情绪的强度，从0～10分，评估这种情绪最大为几分，最小为几分。

（4）评估情绪的处理方式。某种情绪产生时你会怎样做，做些什么来缓解情绪。还以愤怒为例：愤怒时，你通常会采用什么方式解决？哪些方式是有效的？哪些方式是无效的？

（5）通过对情绪的觉察与评估，你对自己情绪状态有什么样的了解？你希望同某种情绪保持怎样的关系？

 常见的情绪自评量表和工具的使用

除了前面介绍的"五步法"和"五个方面"，心理学家及临床心理工作者还常常推荐一些心理评估工具帮助我们识别及评估情绪，包括心理测量和心理评估量表，其中自评量表更为实用。有关情绪的自评量表和工具有几十种，这里介绍常见的焦虑和抑郁自评量表。

《广泛性焦虑障碍量表(Generalized Anxiexy Disorde，GAD-7)》和《抑郁症筛查量表(Patien Health Questionnare，PHQ-9)》是2个简单实用的筛查工具，特点是简便、快速、灵敏度高，有助于快速识别有无焦虑或抑郁情绪。2个量表分别包含7个项目和9个项目，均为0～3级评分，依据总分进行判断(见表1-4-1和表1-4-2)。

表1-4-1 广泛性焦虑障碍量表(GAD-7)

指导语：在过去2周内，你生活中以下症状出现的频率是多少？

项目	没有	有几天	一半以上时间	几乎天天
1. 感到不安、担心及烦躁	0	1	2	3
2. 不能停止或无法控制担心	0	1	2	3
3. 对各种各样的事情担忧过多	0	1	2	3
4. 很紧张，很难放松下来	0	1	2	3
5. 非常焦躁，以至无法静坐	0	1	2	3
6. 变得容易烦恼或易被激怒	0	1	2	3
7. 感到好像有什么可怕的事会发生	0	1	2	3

注：GAD-7总分为0～4分：正常；5～9分：轻度焦虑；10～14分：中度焦虑；15～21分：重度焦虑

表1-4-2 抑郁症筛查量表(PHQ-9)

指导语：用于评估抑郁情绪，定期(1次/1～2周)自评可以观察抑郁情绪变化趋势和治疗效果。在过去2周(如距离前次测试仅相隔1周，则评估过去1周的总体状况)，有多少时候你会受到以下任何问题的困扰？(在你的选择项下画圈)

项　目	完全不会	几天	一半以上的日子	几乎每天
1. 做事时提不起劲或只有少许乐趣	0	1	2	3
2. 感到心情低落、沮丧或绝望	0	1	2	3
3. 入睡困难、很难熟睡或睡太多	0	1	2	3
4. 感觉疲劳或无精打采	0	1	2	3
5. 胃口不好或吃太多	0	1	2	3
6. 觉得自己很糟，或觉得自己很失败，或让自己或家人失望	0	1	2	3
7. 很难集中精神于事物，例如：阅读报纸或看电视	0	1	2	3
8. 动作或说话速度缓慢到别人可察觉到的程度？或正好相反：你烦躁或坐立不安，动来动去的情况比平常更严重	0	1	2	3
9. 有不如死掉或用某种方式伤害自己的念头	0	1	2	3

如果你在问卷中的任何问题选择“是”，这些问题在你工作、照顾家庭事务，或与他人相处中造成了多大的困难？

毫无困难	有点困难	非常困难	极度困难

注：PHQ-9总分为0～4分：无明显抑郁症状；5～9分：可能有轻微抑郁症状；10～14分：可能有中度抑郁症状；15～19分：可能有中度～重度抑郁症状；20～27分：抑郁症状可能较严重

需要注意的是，这些自评问卷仅作为症状或疗效评估，而不能用于诊断，测评的结果仅作参考，最终的诊断仍以医师的临床判断为准。

最后，对于大家熟知的抑郁症有许多方法可以进行筛查。这里介绍一个快速筛查方法，可以帮助你自己或发现身边人是否可能患上抑郁症。2个简单问题帮助你快速筛查：①“近2周来你是否开心不起来，忧郁或感到失望？”②“近2周来你是否做事情提不起精神或兴趣？”这2个问题如果有其中之一，则需进一步作详细的精神检查或建议专科诊治。

日常生活中，大部分人不会去刻意觉察自己的情绪。一些伴有躯体症状的情绪障碍患者辗转综合性医院各个科室，反复进行各种检查，他们有许多躯体不适症状，同时伴有情绪问题，往往有不少患者愿意接受自己患有躯体疾病的现实，却不能意识到这是心理状况出了问题。觉察和识别自己的情绪，可以指导我们如何管理情绪，进而让自己从不良情绪中抽离出来；掌控自己的情绪，也就掌握了自己。

（上海市杨浦区精神卫生中心　王军）

第五节　认知与情绪

当我们感到沮丧、焦虑、紧张的时候，我们的小脑瓜在想些什么呢？会不会让我们沮丧的事情根本不值得我们伤心，只是我们想岔了，结果白白地浪费了感情。让我们抱着重新认识自己的态度，看看我们的情绪是如何产生的，以及我们自己认为对的事情就一定是对的吗？

一　什么是认知

我们生活中会发生无数大大小小的事情，如这次席卷全球的 COIVD－19，毕业时面临的人生选择，被驳回要求重写的设计方案，这次考试考了 80 分……这些都是我们生活中常见的情境。人们对这些情境的看法和意见就是认知。有的人认为 COIVD－19 是一场天灾，防不胜防，或者相信是秘密机构特意研制出来的超级病毒，蓄意而为；同样考试考了 80 分，阿强认为 80 分很不错，感到非常开心，而阿珍却认为自己不够优秀，比不上考了 90 分的同学。所以，即使是相同的事件和情境，不同的人却有天差地别的理解，人的生活永远不是黑白默剧。其实，我们都是带着自己特定的有色眼镜在看这个世界。

二 认知模式

通过以上的例子，我们大致理解了什么是认知，以下进一步阐述认知模式到底是如何运作的。情境其实并不直接影响人的感受与情绪，人们的情绪来自对情境的解释。设想以下情境：医学专业的同学们都在学 Python（一种计算机编程语言）。同学 A 想："这很有用，对我以后的职业发展很有好处。"他感到很兴奋并听得津津有味。同学 B 想："我们是医学生，学这些干什么，和治病救人一点关系都没有。"于是他打开了电影偷偷地看了起来。同学 C 认为："老师在讲什么，为什么我完全听不懂，上生理课的时候也是，我根本不是学医的料，我什么也学不会。"他感到沮丧且伤心，于是开始焦虑地刷手机。你看，人们的情绪与行为反应取决于他们对这个情景的解释。当他们开始上课的时候，大脑正在产生两种思维，一种思维是在学习新的知识，而另一种思维则在快速地评价自己的能力。这类思维自动产生，并没有经过深思熟虑，你甚至都没有意识到这类思维的存在，但它直接影响到你的心情，称之为自动思维。现在我们对认知模式有了一个比较全面的认识了，它运作模式如图 1－5－1 所示。

情境/事件—自动思维—反应（情绪、行为、生理反应）

图 1－5－1 认知模式

三 识别自动思维

认知模式认为，我们对情境的解释不是情境及事件本身会影响我们的情绪、行为等，有些事情可能是恶意的人身攻击，有些情境是中性的。错误的解释会给我们带来极大的困扰，那如何识别自动思维呢？很简单，留意你的想法并记下来。如上课要迟到了，你感到对自己很生气，为什么不提前一点时间出门呢？做事永远拖拖拉拉，比别人慢半拍。瞧，那你对自己生气的时候在想什么呢？你在想自己不能按时完成任何事情。

下周一之前你要提交一个策划方案给你的老板，但是你感到自己还没有做好充分的准备工作，对此感到焦虑不已，甚至觉得你的老板会批评你做得很差劲，要你重做。你对此感到紧张和害怕，所以更加不想开始这项任务，转而去打游戏或者看电视逃避痛苦。这个时候你的自动思维是什么呢？是“我完成不了这项工作，我的老板会批评我”。

四 评价自动思维

但是事实是这样吗？当你歪曲地解释了情境，并导致自责、生气、自我怀疑、逃避等不良情绪及行为反应，这极大地影响了个人发展，损害了社会功能。因此，当自动思维出现的时候，这在多大程度上是事实呢？我们应在多大程度上相信它呢？认知行为疗法有一个很实用的小技巧，就是对自动思维进行提问（见图 1－5－2）。

1. 有哪些证据支持这个想法？
2. 有哪些证据反对这个想法？
3. 有没有别的可能的解释？
4. 如果想法是真的，那最坏可能会发生什么？如果发生了，我能如何应对？
5. 最好的结果是什么？
6. 最客观现实的结果是什么？
7. 我如果相信自动思维会有什么影响？
8. 如果是我的朋友或家人处在相同的情境，我会对他说什么？
9. 我改变我的想法后，我会怎么做？

图 1-5-2　评价自动思维

以上文中阿鹏需要在下周一之前提交活动策划方案为例子，他觉得这是老板在特意地考验自己，并且自己没有能力完成这项任务；即使完成了，也会做得非常差劲，老板会对他很失望。因此，他感到非常地紧张和害怕，并转而去打游戏，而不是投入到工作当中。

1. 有哪些证据支持这个想法

阿鹏是个新员工，来公司工作才 2 个月，他的同事都很优秀，工作能力很强，而阿鹏只是一位毕业不久的大学生。他之前做过一次展示，效果不太理想，因为活动策划并不是他擅长的工作，他平时对待工作态度比较消极，2 个月的时间里也没有学到太多有用的东西。

2. 有哪些证据反对这个想法

阿鹏毕业于名校，自身能力并不差，虽然周围同事都很优秀，但是他也是靠过硬的本事进入这家公司的。上次展示中，另外一位上司认为他有能力做好这份工作，之前展示的策划方案

也是完全可行的，只是需要改进一些细节，并且这位上司经常给予他鼓励

3. 有没有别的可能的解释

老板只是想给他一个锻炼的机会，或者只是随机地把这份工作分配给了他，并不是特意设置的考验，上次的展示虽然不算很出彩，但也没有给老板留下坏印象。

4. 如果想法是真的，那最坏可能会发生什么；如果发生了，我能如何应对

如果真的是老板在考验阿鹏，并且阿鹏最后给了一个很差的策划方案，最坏的结果是老板对阿鹏感到很失望或者生气，阿鹏给老板留下了坏印象。如果这件事情真实地发生了，阿鹏可以坦然地面对这件事情，努力地向周围的同事学习，承担起自己应有的责任，不断地进步。

5. 最好的结果是什么

最好的结果是阿鹏按时完成了活动策划，老板认为他的方案非常完美，几乎不需要做修改，并对阿鹏能力赏识有加。

6. 最客观现实的结果是什么

阿鹏收集资料过程中遇到了困难，有些细节并没有确定好，但还是提交了方案给老板。老板对不满意的地方提出修改意见，特别是有几个重要的地方表明阿鹏思虑不周，让他在 3 天内将修改好的方案发给他。

7. 如果相信自动思维会有什么影响

阿鹏相信自己是一个没有能力的人，自信心受到了严重打击。他想用各种借口拖延工作、逃避责任，但是这没有解决问题。他开始对前途感到悲观，感觉周围人都看不起他，并陷入焦虑与抑郁情绪中无法自拔。

8. 如果是我的朋友或家人处在相同的情境，我会对他说什么

阿鹏大学时有位好朋友小欢，和他一样是职场新手。如果小欢面临一样的情境，他想跟小欢说："你的水平不差，只是缺乏经验而已，对自己不自信，害怕犯错让同事们笑话，但是这有什么关系呢？每个人都有"菜鸟"阶段，所有的大神不是一开始就是大神，只要你能用心学习，多听取同事们的意见，虚心接受别人的批评和建议，把这个当作是一个磨炼的机会，大胆尝试，你肯定会做得越来越好的！"

9. 改变想法后，我会怎么做

阿鹏通过这一系列的自我提问后，认识到了自己的认知错误，他决定无论如何要尝试一下。就像他想对小欢说的话一样，只有在不断地磨炼中才能进步，但是他要有勇气踏出第一步。

我们生活中有许许多多类似阿鹏一样的场景，按照这样的方式向自己提问，最好把自己的想法写下来或者录下来，最后再回头看看自己的自动思维，自己相信它的程度有没有降低呢？紧张、焦虑的情绪有没有好转呢？是不是感觉有的时候自己被自己的想法欺骗了呢？

五　典型的认知错误

现在可以知道平时我们会产生一些错误的自动思维，对情境形成认知偏差，那常见的认知错误有哪些呢？

1. 全或无思维

即非黑即白或极端化思维。如考试考了 80 分，阿珍认为自己很差劲，比不上考了 90 分的同学。但是，她是不是比考 70 分，甚至不及格的同学好很多呢？

2. 灾难化

极其消极地预测未来。如阿鹏对待活动策划这份工作非常消极,因为他认定自己做不好,并且会招致老板严厉的批评,而客观事实并不是这样。

3. 去正性化

毫无理由地告诉自己很差劲。即使获得了奖励、鼓励和赞美,也坚持认为自己一无是处,那不过是偶然的成功,全凭运气而已;或者认为人家的赞美只是出于礼貌,其实并不是真的很优秀。

4. 读心术

认为别人一定会对自己有负面看法,而不考虑其他可能的因素。如阿鹏在被分配活动策划的任务后,认为老板是在考验他,并且对他有意见,因此他在完成这项工作时倍感压力。事实上,老板只是随机分配了这项任务,对他并无负面看法。

5. 情绪推理

因为情绪太过强烈而导致我们认为感受就是事实。比如阿鹏因为害怕受到批评的感受太过强烈,感到非常紧张焦虑,导致他认为自己一定会将这项任务完成得很差,并且一定会受到严厉的批评,而这是非常极端的情况。

当我们面临困境的时候,你是否想过那件事情是真的很困难,还是由于错误的认知认为自己无法胜任,感到焦虑与害怕,从而阻止了自己完成这项任务?现在我们了解到:生活事件并不直接导致情绪,而对事件及情景的解读会产生各种情绪、行为及生理反应。如果我们对解读的过程产生了偏差，则会产生不良的情绪和行为反应。这个过程发生迅速且自然，以至于我们甚至不会怀疑这种想法是否正确。人们处于正常功能水平时，扭曲的见解就比较少；但是当抑郁时，关于自我无能的信念被激活，错误的自动思维开始占主导，导致情绪更加糟糕，不良情绪进一步使认知更加扭曲，这是一个互相影响的恶性循环。本节介绍了如何去识别并检验自动思维的方法，并举例5种常见的认知错误，在我们平时生活中可以用来练习，一开始用书写或录音的方式记录下来，这样能帮助你更加全面地评价自己的认知模式及其产生的不良影响，及时自我纠正，从而发挥你生命的最大潜能，创造出最高成就。

（上海交通大学医学院附属精神卫生中心　钱诺诗，乔颖）

第六节　情绪疾病也会觉得“痛”

我们有时会遇到这样一个朋友，整日不开心或是烦躁不安，反复诉说着自己身体上各种不舒服，吃不下饭、睡不着觉，浑身疼痛。因此，愁眉苦脸，痛苦不堪。但到医院检查似乎又没有什么大问题，吃了一堆药也没见好转。家人、朋友觉得他就是太矫情，没事找事，为人太“作”；而他却觉得不被大家理解，没人能懂得他的“痛”；那么这个人到底怎么了？其实这个人很可能患上了焦虑症或是抑郁症。

人有七情六欲，在人的一生中总会遇到各种各样的事情，同时会产生与之相应的情绪，有高兴的，有伤心的；有令人心动的，有让人抓狂的；有为之渴望的，有为之厌恶的……当某种情绪偏离正常范围，甚至开始影响正常生活时，就可能会形成情绪问题或者是情绪障碍。常见的情绪症状主要有抑郁、焦虑、躁狂及强迫等。这些情绪说起来大家并不陌生，网络上也经常有人自嘲说自己有强迫症、焦虑症等。但大家不知道的是，一部分情绪障碍患者除了那些显而易见的情绪症状，还可能会出现一些躯体症状。甚至有些患者躯体症状的体验比情绪症状更为突出，或者干脆以躯体症状为主，从而掩盖或是让人忽视了他的情绪问题。当事者也会更加关注于躯体症状的表达，日常会辗转于各大医院就诊，希望能够缓解身体上的痛苦，却从未想过这可能是一个情绪疾病，需要求助精神科医生。

他是真病，还是装病

一 抑郁症

大多数人可能会认为抑郁症就是不开心。的确，抑郁症患者的核心症状主要是情绪低落、兴趣减退、快感缺失。在发病期间，患者不管做什么都感受不到快乐，对任何事情都失去了兴趣，莫名其妙地出现悲伤，严重者还可能出现自杀行为。但除了这些核心症状，抑郁症常常还伴有睡眠、饮食、体重和行为活动等方面的躯体症状。

睡眠障碍是抑郁症患者最常伴随的症状之一。很多患者都是因为睡得不好才去医院就诊，从而发现了抑郁的问题。其实失眠与抑郁症之间的关系非常密切。失眠不仅是抑郁症发病的风险因素之一，还是抑郁症复发的前驱症状。另外，失眠还可能加重抑郁症的病情，延长抑郁发作的持续时间，也与突发性的自杀观念和自杀行为有关。除了失眠，抑郁症患者还可能出现嗜睡、睡眠节律紊乱、睡眠呼吸暂停等其他多种睡眠障碍。因此，改善睡眠对于治疗抑郁症具有重要意义。

抑郁症患者经常会出现食欲下降和体重减轻的症状。轻症患者可能会表现为胃口不佳、食不知味等症状，但因为进食量不一定明显减少，在一段时间内体重改变可能并不明显。但是重症患者则可能完全丧失食欲，对喜欢的食物不再感兴趣，进食后还会出现腹胀、胃部不适等痛苦体验。有些“吃货”朋友会说：“没有什么事是一顿烧烤或是火锅不能解决的。”但对于抑郁症患者来说,这事还真没那么简单。享受美食可能已经成了一种奢望,食不下咽、食之无味才是他们的常态,因为不想吃、吃不下,还会导致体重明显下降,甚至出现营养不良。

需要特别提到的是疼痛这一症状,这是抑郁症患者求医的主要诉求之一。抑郁症患者的疼痛可以表现在躯体各个部位,头痛、腹痛、胸痛及全身肌肉酸痛等,常规检查查不出相应的问题,一些常用的止痛方法也无法有效缓解患者的痛苦。这些痛苦患者感觉无法忍受,在外人看来却好像是在无病呻吟。除了疼痛,患者还可能会出现心慌、胸闷、消化不良、胃胀气、手脚发麻、尿频、尿急及便秘等全身不适,甚至是多部位、多系统的躯体不适。特别是一些老年患者,很容易误以为自己患上了冠心病、糖尿病及肠胃炎等常见的老年躯体疾病,又因为治疗效果不好,甚至会以为自己患上了某种不知名的不治之症,从而导致抑郁症状进一步加重。

另外,抑郁症患者还可能会出现一些难以启齿的私密问题,如性功能障碍。患者患病后可能会出现性欲下降或丧失、性快感缺失、性功能障碍等问题。但是碍于情面,很多患者觉得羞于表达,选择隐瞒或是无视;即使面对精神科医生,这一问题有时也会被患者忽略。尤其是女性抑郁症患者,由于社会、心理等多种因素,这一躯体症状更容易被忽视。其实健康的性生活不仅是人类的正常需求,对于维持心理健康也具有重要的意义。如果发现自己"为爱鼓掌"力不从心或是有些不感兴趣时,不要光想着蓝色小药丸,也要考虑一下是否是自己的心理健康出现了问题。

抑郁症患者很多时候被外人批评为矫情,主要是因为患者会表现出无精打采、懒惰及疲惫的状态。有些患者明明没有做什么事情，却称自己“太累了”“提不起劲”；明明很简单的事情却觉得困难，总是完不成任务，从而让人误会他想偷懒。其实，这是抑郁症患者精力减退的表现，也是躯体症状之一。

但抑郁症患者也不是一天到晚不高兴，或是如流行歌曲中唱的那样“夜越深心越痛”。大约50%的患者抑郁情绪会出现晨重夜轻的变化。患者清晨一睁眼会觉得特别痛苦，到了下午和晚间则有所减轻。当然，事无绝对，有些心因性抑郁障碍的患者症状则可能恰恰相反。另外，不同年龄层、不同性别的患者抑郁障碍的临床特点也会有所不同，躯体症状的表现也会有一定的差异。

二　焦虑症

焦虑和抑郁犹如一对孪生兄弟，有时单独出现，经常结伴而行。焦虑合并抑郁、抑郁合并焦虑，以及焦虑和抑郁同时存在都是临床上常见的问题。焦虑症作为最常见的精神疾病之一，和抑郁症一样，它的临床表现可不仅仅只有焦虑这一种情绪表现。

焦虑障碍起病常与心理社会因素有关，症状主要表现为生理、心理、行为三方面。其中生理方面可有多种躯体症状表现，而且症状表现丰富多样。患者可能出现中枢神经系统警觉水平增高，如肌肉紧张、感觉过敏、疼痛；或是交感神经兴奋，如心悸、出汗、口干及震颤等。患者还可能会出现消化困难、食管内异物感、胸闷、过度通气、心前区不适、尿频/尿急、性功能障碍、耳鸣及眩晕等涉及消化系统、心血管系统、生殖泌尿系统、神经系统、肌肉系统及感觉系统等多个系统的躯体症状。总之，只有你想不到，没有焦虑症办不到。这些躯体不适对患者的日常生活、工作和学习可能造成显著的不利影响，患者为此感到痛苦，一般会有强烈的求治欲望，但是反复地错误就诊同样无法解决问题，还浪费了大量的时间、精力与亲友们的耐心，很多患者因此被家人、朋友“嫌弃”。尤其是急性焦虑——惊恐发作时，患者常有明显的胸闷、气急及呼吸困难，甚至可能出现濒死感。这些症状表现常会误诊为心绞痛、心肌梗死等急症。很多患者会因此反复拨打“120”送医院抢救，不但浪费医疗资源，还很可能被误认为装病，造成家人、亲友的困扰和误解，甚至是反感。

三 情绪症状与躯体症状的关系

其实情绪症状和躯体症状之间关系之密切可能会超出你的想象，有时真地像连体婴儿一样难舍难分。情绪障碍的患者会出现一种或多种躯体症状，不少躯体疾病也可伴发或导致焦虑、抑郁等情绪障碍。躯体疾病可能是情绪障碍发生的诱因或是直接原因。有些疾病在病情变化时突出的临床表现就是焦虑或是抑郁。例如，甲亢危象的突出临床表现就是焦虑；部分卒中患者会出现抑郁情绪。许多疾病本身带来的疼痛、患者对疾病知识的缺乏、疾病所带来的负担等多种因素也有可能引起焦虑或抑郁情绪。反之，情绪障碍也可能是躯体疾病的直接原因，如焦虑、抑郁所伴随的躯体症状。但是不管是哪种情况，对于患者本人来说，他所感受到的疼痛或是疾病带来的痛苦都是真实存在的，只是单纯躯体疾病的“痛”相比情绪疾病来说更容易被仪器检测到，更容易被量化，从而更容易被普罗大众所接受和理解。

千万不要忽略了情绪疾病的威力，它犹如一个隐形的核武器，也会对人体造成巨大影响，引发强烈的“痛”。如果你的身边有这样的朋友，遇到了以上的问题，千万不要忘记找精神科医生寻求帮助，以缓解这特殊的情绪之“痛”。

（上海市徐汇区精神卫生中心　黄雅南）

第二章

应对不同环境和处理人际关系

第一节　如何应对逆境

第二节　怎么和你在一起

第三节　建立人际关系清单

第四节　重建社会支持系统，促进心灵愈合

第五节　情绪问题的心理支持及家庭支持

第一节　如何应对逆境

许多人对逆境或其他重大生活事件产生的挫败感都深有体会。也许你总感觉自己不是工作或学习的那块“料”，却又陷在每天的碌碌无为当中；也许你刚刚又经历过一次失败的恋爱，却不懂得如何重新开始；也许你已经痛失了自己的亲人，而没办法让自己振作起来……

一　改变前的准备是态度的转变

以学习这个问题为例，也许有些人能从下面的描述中找到自己的影子：

“从小到大，学习这件事就是我的一个大难题，父母一直批评我心思没放在学习上，但即使我看了书，学习成绩还是一直提不上去。哪怕到了高三，每天都是 12 点才敢睡觉，还是没能成功考上好大学。高考成绩下来的时候，我的挫败感达到了顶点，即使现在已经进入大学校园，我也觉得已经没有用了，除了每天打游戏，不再会有更大的改变了。”

逆境通常能使我们意识到自己遇到了大麻烦，但不一定能够坚信自己是需要改变的。为什么遭遇创伤和灾难时，有些人无法适应，甚至一蹶不振，而另外一些人却可以在逆境中迅速成长？简单地把这个问题归结于创伤的过于强大或是个人过于弱小，容易陷入“弱肉强食，适者生存”的消极思维中。是否有办法度过危机？如何较好地对重大生活事件做出合理化解释和处理？改变心理学就是可以尝试提供一些解决办法的科学。这种关于自我成长和自我痊愈的心理学理论证明，如果想要对现状做出积极持久的改变，就先要找出过去的事件对自己的影响。

要理解自己在某个习惯或行为状态中是如何“越陷越深”的，首先要明白维持现状对于人类的大脑来说是一件容易且能带来奖赏和安定感的事情。杰弗里·科特勒是美国知名的心理咨询师，他通过35年职业生涯中对人的成长和改变的总结，完成了改变心理学的案例分析集。他总结道：人们对于改变的态度，常常挣扎在理性和情感之间。理性思维让人相信面对重要的事情应该做好长期目标并付诸实践，而享乐本能地带来了我们想要维持现状的情感反应。有趣的是，不仅是躺在床上、继续喝酒、暴饮暴食对自己的大脑有满足感，负面的自我暗示和消极的自我认同也是大脑维持习惯的一种方式，而维持习惯本身令人（至少潜在的）感到满足。根据美国心理学教授普罗察斯卡提出的行为转变阶段模式，改变的行动发生之前通常有动机前期、犹豫期和准备期三个阶段。大部分人往往就停留在这三个阶段，经历了长期的适应不良和思想斗争，最终在态度转变后开始尝试改变。

二 促进改变的因素

在完成态度的转变之后，根据改变心理学的观点，我们应该有意识地找到各种可以协同一致地促进改变的因素，并付诸实践。

1. 选择试验

选择试验是指对需要改变的事物进行初次尝试的过程。万事开头难，在试验的过程中，你通常会感到抑郁、孤独、无聊或内疚，这都是改变本身带来的压力。举个例子：假如你已发现继续待在家里没有任何好处，那么你也许会把尝试健身作为一项选择试验。而当你走进健身房时，周围已经围绕着训练有素的健身爱好者；自己的运动套装看起来和健身房格格不入；教练无意中指出自己的体能低于平均水平；去健身和回家的路上耗费时间和精力……这些问题，在选择试验阶段都会涌现，让人不由自主地质疑改变本身的有效性，并且增大了“回到老样子”的阻抗力量。更有甚者，有些情绪欠佳的人会将这段尝试经历变成说服自己保持现状的理由（“我已经尝试过健身了，我根本不适合运动”）。

在这个阶段，不断地强化自己的动机很重要。强化动机最简单的办法是通过积极认知的重复宣传，无论是对自己，还是对他人。许多认知行为治疗的书籍都指出，在认知治疗的阶段应给自己留下一份笔记。每当在情绪低落、不想继续改变时，就应该提醒自己的想法是自动而不假思索的，正确的想法应是继续改变。而和常识相反，告诉他人自己的打算不仅不会使自己的行为受到质疑，大多数情况会对自己的行为起到强化作用——因为在宣扬自己决心的同时，自己也在内心强化了向外宣扬的概念。

2. 培养技能

（1）避免“选择困难”。在过去的几个世纪，要学习一个本领似乎较为单纯，需要数十年的师徒传授和实践磨炼；而在网络发达的现代社会，各种书籍和课程层出不穷，很多人仍然感觉坚持学习十分困难。一味地让各种参考资料充斥自己的书橱和电脑似乎不是一个完美的方案。有研究提示，我们选择了交友、恋爱、组成家庭及留在某个地方工作，这些行为虽然对我们选择的可能性不增反减，但同时也减少了自己实现目标的干扰。所以，如果你正在学习烹饪，可以不用把视频网站上的每个教程都看一遍，而是随机选择一个热门的频道，按部就班地学习，减少自己的选择。

(2) 减少完成改变的阻力。假设想要让自己坚持弹吉他，而不是像以前一样一到客厅就打开电视开始看娱乐节目，可以善用“2 分钟法则”。2 分钟法则是通过让想要强化的行为的启动时间减少 2 分钟，相反的行为启动时间增加 2 分钟来实现的。以弹吉他为例，我们可以把吉他从柜子里搬到客厅显眼的位置，并且把谱子也架在可见的地方，这样一回到家就可以随时开始练习。另一方面，把电视放在客厅更不容易舒服观看的地方(例如，需要用力抬头才能看到)，然后把遥控器的电池取出，这样想看电视的欲望就可能在找电池的过程中被打消了。

(3) 获得外部的支持。通过熟练培养技能，相信你已经能从改变的过程中获得一些自信。人们常说“独乐乐不如众乐乐”，在改变的过程中获得外部的支持也同样重要。心理学的常识提示我们，团体活动通常比独自行动具有更强的习惯塑造能力。

从上学时开始，你可能就注意到学校里有各种各样的社团活动。相比在交响乐社团中每周练习小提琴的同学，也许田径社团里的运动选手就不大能坚持音乐训练。这当然也有兴趣的成分在影响你的改变,但团体的力量也毋庸置疑。如果你已经相信改变本身比过去维持现状更能带来好处,也已经通过试验和相关训练逐渐掌握了想要改变的行为,接下来可以考虑在俱乐部、社团甚至排行榜的交流平台与他人进行学习和沟通。在社团类的组织中,你可以遇到许多兴趣、目的、处境相似的同道,无论是对新来的成员进行训练,与同等级的爱好者切磋,还是向更高级别的成员请教,都会强化对改变行为的认同感。现在许多国家均有嗜酒者互诫协会。这种互助形式的团体通常在每次活动时请各位参与者围坐成一个圆圈,按顺序分享自己戒酒的经历,并共同遵守互诫协会经典的 12 个步骤。其本质上就是从外部支持实现对行为的强化。

(4) 自我认知的重组。在改变的过程中,还需要不断进行自我认知的重组,因为我们通常会受到自身认知的非理性的阻碍。现代心理学中的认知行为疗法和理性情绪疗法都已经发现,在遇到特定情景时我们通常会自动地产生一些思维(并且在潜意识中会不加批判地接受),而这些自动思维如果是扭曲的(如:"我深信自己这次面试一定会失败""如果她没有回我短信,那就说明她讨厌我""我一定不是好母亲",等等),会对人的行为起到阻碍作用。识别自动思维最行之有效也是最简单的一个办法,是在感受到负面情绪时向自己提问"我现在在想什么",因为思维是难以刻意去捕捉的,但自动思维带来的负面情绪却很容易被注意到。在自动思维被自己发现之后,可以尝试用"苏格拉底式"的提问对自动思维进行思辨。苏格拉底是公元前的雅典西方哲学家。苏格拉底式的提问就是不断地向自动思维挑战的过程,可以问"产生这样的想法是为什么""如果有原因,那这个原因是否存在依据""这种依据是怎么产生的""依据产生的情形是否普遍”“如果想法成立，那么后果到底有多严重”，诸如此类的问题。对自动思维的检验，可以发现它是否有道理（大多情况下确实没有道理），从而使我们在摆脱阻碍自己改变的想法前更有底气。

相信如果大多数人坚持到了改变的这一阶段，就能发现自己也认可了以下事实——“我知道我所做的改变应该不会错的”。不过改变究竟有什么意义，这个最终问题的解答因人而异。改变本身可能没有一个明确的意义，但我们可以用自己的经历和解释来给它赋予意义。总而言之，本节告诉你为什么改变之前的维持现状可能会带来一部分满足感（但没有你真正需要的好处），这也是改变难以开始的原因。而改变的启动需要你进行选择性的试验、培养技能，并获得外部的支持，同时在过程中不断进行自我认知的重组或自动思维的纠正，最后在改变中体会它属于自己的意义。希望这个步骤明确的改变指南可以为你在遇到困难时思考一下自己是否有需要改变的地方，并做出令你自豪的决定。

（上海交通大学医学院附属精神卫生中心　吕洞宾）

第二节 怎么和你在一起

有人说:“相爱容易相处难”。也有人说:“人心叵测不足托”。好像和人相处真的“太难了”。本节打算聊聊和人相处的问题和相处之道。

一 相处问题

有人说:“世界上没有两片叶子是相同的”。人也如此,于是差异产生,于是矛盾产生,于是问题产生。人和人相处有以下几类矛盾。

(1) 伪矛盾(pseudo conflict):指因为误会产生的矛盾。比如,在公司联欢会上,作为主持人的你为了活跃气氛,可能会鼓动某个平时不太活跃的同事表演节目,结果他当场翻脸,认为你故意整他,拂袖而去,之后每次见面都很尴尬。

(2) 事实矛盾(fact conflict):指针对某个事实的意见相左。比如,你坚持说昨天上午并未出门找同学玩儿,而你妈妈却说在商场看到你和一群同学在一起。

(3) 价值矛盾(value conflict):指因为价值观不同产生的矛盾。比如,你认为世界上不存在神,而你的朋友信仰上帝;或者你认为朋友聚会就是要 AA 制，而你的朋友觉得朋友之间没必要算得这么清楚。

(4) 策略矛盾(policy conflict)：指问题解决的方式或行动计划的差异。比如，夫妻双方对怎么规范孩子的行为意见不一致，一个认为孩子犯错就要打，另一个觉得犯错绝不能打孩子。

(5) 自我矛盾(ego conflict)：指双方无论如何无法妥协的情况，因为一旦妥协就伤了自尊或自我感。比如，一个青春期的孩子因为天气变冷被妈妈要求穿秋裤，他坚持不穿，并且提出各种理由；而妈妈也是坚持己见。这个过程中，任何一方妥协都会让自我受到伤害，孩子会觉得自己一点自主权都没有，而妈妈会感受到自我的无力感。表面上好像是在争执是否穿秋裤的问题，实际上是自我冲突的问题。

(6) 矛盾的矛盾(meta conflict)：指由于沟通不畅产生的矛盾。下面两句话可以形象地体现这种矛盾。“你就知道点头，其实你根本就没听到我说什么!”或者“你太激动了，你一这样我就不知道该怎么办!”

二 相处之道

既然由于人的差异导致矛盾必然存在，那么我们就不用回避矛盾，而是要学习面对和有效应对这些矛盾。而且，有时候人与人之间的差异可能还有好处，就是有机会看到不同的视角和理解对方更深的内在需要。若能如此，我们就有了转化的智慧，反而因为矛盾变得在人际相处中更加游刃有余。下面谈谈几个有效实用的相处之道。

(1) 回避。经常有人会说，我们应该面对问题而非回避问题，回避问题是懦弱的表现。但其实还有一句话叫作“退一步海阔天空”，那到底哪个对呢？需要具体问题具体分析。在双方激烈冲突的时候，暂时的回避是有益的，否则只会让冲突升级，导致更坏的结果。而有些问题如果回避反而加深误会，影响彼此的关系，那还是找合适的时机说清楚比较好，比如上文提及的伪矛盾的例子。

（2）退让：就是先考虑或满足对方的需要。有人会认为这样是不是太对不起自己。对待刚刚认识的人，先向对方示好其实很容易建立良好的关系，也会让对方更喜欢自己，愿意与你相处。但当你发现对方慢慢地变得得寸进尺的时候，就需要做出调整，因为健康的关系都是满足彼此的需要，否则你会感到不公平，一味付出或者索取都是不可取的。

（3）竞争：就是有点强迫地让对方接受自己认为正确的观点。乍一看，这个方法好像不太对劲儿，但其实这是有前提的，前提是首先尊重对方的意见，不攻击也不试图控制对方，最终的目的是为了解决问题，而并非只是为了满足自己的需要，让人感到被压迫和不得已。在很多亲子关系中，父母都错误地使用了这种方式，让孩子感到被强制和控制，也许开始时孩子会容忍，而最终会爆发，导致再也无法沟通。

（4）妥协：相当于各让一步，和讨价还价类似，尤其在需要不能被完全满足的情况下比较有效。常见的场景是在工作中，比如商务谈判或者人事调解中。但因为不能完全满足，可能会让自己或者双方都有些耿耿于怀，在未来的交流中可能再次出现更大的矛盾。

（5）合作：这是个能够满足每个人需要的方式。尽管妥协的方式也可以达成某种一致，但各自的需要或多或少会有折扣。

合作需要更多的沟通，分享彼此的感受，通过主动倾听去理解他人的想法和观点，最终达成满足双方需要的解决方案。由此可见，合作更耗时，更需要耐心，不像妥协来得那么快。但合作的效果可能是长期的，尤其是在比较亲密的关系中。比如，夫妻关系或亲子关系，这种方式可能更加有效。这种方式不是为了输赢，而是为了彼此共同的目标去克服共同的问题和障碍，需要更加灵活的思维，并且尊重各方的视角。

除了上述方式外，还需要尽量避免在交流和相处中对他人的指责、批评、否定及埋怨等伴有敌意和攻击性的方式，这只会引起他人的反感和防御，破坏彼此的关系。

人是社会动物，但也有其个体性。因此，人际关系其实既是彼此独立又是彼此联结。由于独立产生了边界，由于联结产生了沟通。从上面的相处问题和相处之道的描述中不难发现，人际关系本质上都和这两件事有关。以“自我矛盾”为例，母子双方各执己见实际上既是在坚守自己的边界，同时也呈现了一种攻击型的沟通方式。同时，从相处之道的描述中也能看出，所有的方式都是各有利弊并需要具体问题具体分析的。比如，尽管合作的方式有着长期的好处，但当面对短时激烈的冲突时，回避可能是更加明智的选择。

不论矛盾来自朋友、同事还是家庭成员，了解自己和他人的边界并保持对当下互动的觉察，带着尊重以及倾听的意愿，灵活地思考，你就有可能成功处理各种矛盾。当然，这并不是件容易的事情，但如果通过不断学习和自我训练，你会变得越来越能够快速适应变化，就好像学开车一样，刚开始会手忙脚乱，慢慢地就会开得习惯和自然了。

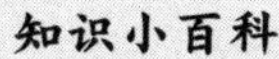

知识小百科

沟通类型

(1) 攻击型(agressive)：它背后的假设是“你的需要无关紧要”(我赢你输)，常以指责对方或暗示他人是错误的或有过失为特点。

(2) 被动型(passive)：它背后的假设是“我的需要无关紧要”(你赢我输)，这样的人经常没有坚持自己的需要，会感觉被他人利用，压抑太久最终可能会感到不满。

(3) 自信型(assertive)：它背后的假设是“我们都很重要，让我们共同尝试解决这个问题”(我赢你也赢)。这样的人会清晰地表达自身的想法、感受或需要，而并不急于或要求事情一定要如我所愿。

(上海德济医院　邓雪滨)

第三节　建立人际关系清单

良好的生活，基于良好的人际关系。人的一生中，除了有血缘关系的亲人，还会结识很多人。没有人是一座孤岛，我们都需要人际关系的滋养，特别是在遇到困难、伤心、难受时，家人和朋友的温暖和陪伴，将成为我们最坚实的依靠。本节将帮助你建立一份简单而实用的人际关系清单。清单里列出了在你出现情绪危机时，可以马上求助、给你支持的人，也列出了对你有严重负面影响的人。通过建立这份清单，能更清楚地了解你的人际关系网中哪些人是值得交往的，哪些人给你带来了负能量，需要保持距离甚至断舍离的。有了这份清单，你可以更有针对性地投入经营你的人际关系。

一　建立正面家人和朋友清单

首先，将你的人际关系网中能支持你、对你有正面积极作用的家人或朋友，列写在清单前面，按对你的影响程度由前往后排，影响最大的写在最前面，有序排列。

会有人问:“怎样才是对我们能支持到和有正面积极作用的人呢？这些人有些什么特征呢?”

(1) 待人真诚。他们不虚伪做作,会让我们知道他们自己的不足和脆弱;会让我们了解,他们和我们一样都是不完美的人。

(2) 他们真心地关心我们,不轻易评价和批判。在我们遇到挫折、处于人生低谷期时,他们愿意花时间陪伴我们;即使我们做了愚蠢的事,他们也不会尖酸刻薄地批评我们,而是会得体而体谅地让我们知道自己的不足,并意识到我们都是不完美的人,都会犯错,鼓励我们变得更好,让我们想成为更好的人,让我们在错误中不断成长。

(3) 有着积极乐观的人生观。积极向上的思维方式能延长人的寿命,增加免疫力,降低罹患心脏病的风险。与积极乐观的人交往,你思考问题的方式也会受他们的影响变得乐观积极,得到更多的鼓励和支持,变得更加自信。

(4) 幽默有趣、拥有良好的兴趣爱好、有探险精神。按部就班的生活往往乏味;敢于探险不仅能让我们的生活重燃激情,减少焦虑和沮丧,而且还能让我们变得更聪明。生活中有一种人,他们幽默有趣,有着很多爱好,如亲近大自然、热爱运动及热心公益活动等。试问生活中如果能有这样的人,在他们的带动下,让我们把平淡的生活过得如此有趣和有意义,是多么幸运的事。

(5) 善于倾听的人。这类人是天生的“心理治疗师”,善于倾听,能体会到他人的感受,不轻易发表意见,但在关键时却能给出建设性的建议,帮助你解决问题。善于启发式的提问,通过他的问题,让你重新思考,意识到自己的想法或行为的不足,让你发自内心地去改变自己,远离负性思维及不良行为。

说了这么多,其实很简单,就按照我们的感受来分。一段关系的好坏，不要去管物质层面或者外界的评价，主要是问一下自己的内心，和他在一起我感觉怎样，就是交往后让你感受到开心、舒服、温暖，让你感觉良好，甚至让自己发现身上有闪光点的这一类人。如果你身边有这样的家人或朋友，请好好珍惜，维护好这份亲情或友谊。

列在清单最前面的几位，请一定保留好他们的联系方式，在你出现情绪危机时可以马上向他们求助。他们可能是你的父亲、母亲、爱人、兄弟姐妹、同事及朋友。不管是谁，如果遇到情绪危机时请你联系他们。在情绪面临崩溃时，亲人、朋友的支持，往往能帮助我们渡过难关。

二 明确负性家人和朋友清单

将你的人际关系网中，带给你负能量的家人或朋友，按例写在清单最后面，按对你的影响程度强弱由前往后排。要如何辨别哪些是负能量的人呢？他们有些什么特征呢？

（1）自我中心，自私自利。这些人不关心他人过得好不好，开口闭口只谈自己的事情。当你有烦恼，需要倾诉时，他们没有耐心倾听你；他们无心了解你的烦恼，对你的关心仅仅是伪装，和你交流时谈话的焦点永远在自己身上。

（2）常常批评你，贬低你。他们往往看不到你的长处，和他们在一起时，永远是吹毛求疵，批评你的衣着品味，取笑你的爱好、兴趣。和他们在一起让你越来越没有自信。

（3）发生问题时，总把错误归咎给你。人与人相处不可能没有摩擦，哪怕是最亲近的人。这类人，当发生问题时，无论对错，不会从自身找原因，永远把错误归咎给你，让你觉得很憋屈和郁闷。

（4）爱控制他人，不尊重他人的人际边界。这类人，表面上看，对你特别“关心”，但实质却是控制你、干涉你。面对这样的人，能远离尽量远离。如果是你的家人，一定要坚持自己的立场，向对方表明：“这是我的事，我有自己的想法和选择。”

（5）搬弄口舌的人。当你把心事向他倾诉后，他非但不能保护你的隐私，而且把你的事到处讲，给你带来了新的烦恼。

你目前交往的人中也许就有这样的人。对我们来说，区分负能量的人，还得通过自己的感受来甄别。如果这段人际关系，让你来回审视自己觉得自己很糟糕，让你自我贬低，让你觉得自己不够好，让你不断自我怀疑、痛苦及无力，那就是有“毒”的，负能量的人际关系。和这样的人交往下去，你会感到勉强、痛苦及委屈，自我感觉越来越差。一旦生活中有了这样的关系，让你困扰、让你情绪低落，那你就要重新审视这段关系。必要时需要你去保持距离，甚至不再交往。

人生就是一辆不断前行的列车，很多人上车，很多人又下车。这张人际关系清单，需要我们在不同时期，根据实际情况进行调整（见表2－3－1）。生活中一些比较中性的关系，也是我们最常遇到的关系，因人数最多，且对我们的情绪一般没有正面或负面的影响，故未列入这张清单中。每个人的精力都是有限的，我们要把它放在滋养型的关系上。没有必要去讨好、挽留那些并不适合自己的关系。结束一段关系并不简单，但如果这段关系真的让你痛苦压抑，对自己不断贬低，一定要下定决心断舍离。

哈佛大学在长达75年时间里，跟踪了724个人的一生，得到了明确的结论：使人健康幸福的并不是名利和财富，而是有质量的人际关系。人际关系的好坏不在于数量，而在于质量。

好的人际关系，为你创造更美好的生活，在使我们更幸福的同时，也使我们的身体更健康。

表 2-3-1　人际关系清单

影响	姓名	关系	相处时的感受	备注
强↑正面积极↓弱				电话：
				电话：
				电话：
强↑负面消极↓弱				

引用一百多年前马克·吐温回顾自己一生时说的那句名言："生命如此短暂，我们没有时间去争吵、道歉、伤心、斤斤计较。我们只有时间去爱，一切稍纵即逝"。让我们从建立这张清单开始，珍惜生命中给我们温暖的家人和挚友，大步迈向健康的人际关系。

（上海交通大学医学院附属精神卫生中心　马玮亮）

第四节　重建社会支持系统，促进心灵愈合

社会支持的紧密程度与抑郁、焦虑等情绪有关。社会支持水平与个体心理健康因子之间存在负相关，即社会支持得分越低，健康状况越差。动物实验发现，被社会所孤立、被离群是导致动物死亡的重要因素之一。流行病学研究表明，心血管、神经内分泌及免疫系统等疾病发生率也受社会支持系统的影响。

对社会支持与身心健康的研究起源于20世纪60年代。社会支持系统主要由主观支持、客观支持和支持利用度三个维度组成，是个体通过与环境中人物的互动所建立的一种关系网络，个体能从中获取情绪情感心理的支持，提高自身心理复原力，更好地适应社会。其中“主观支持”指的是个体通过感官能感受到的心理支持，比如是否能够被理解和尊重等；“客观支持”则为物质上是否得到满足或资助等客观实际的支持；而“支持的利用度”指的是对社会各界支持的利用程度。临床工作中会遇到许多患者不知道如何面对精神疾病；孩子或其他亲人患精神疾病时，照料者也不知道如何去应付，除了让医生进行药物治疗干预外，其他支持系统缺如。

以下分别来自不同家庭的3个小故事以及分别给予的支持

建议(本文案例是整合大量患者的情况编撰而成)。

一 自残的高中女生

1. 案例

小张,女,16岁,高二学生。父母均是打工者。小张自幼性情温顺、文静,话不多。父母外出务工,小时候有爷爷、奶奶带大,遇事很少与父母沟通。父母对她的学习要求很高,在学校与老师和同学的关系一般,自称被校园网络暴力伤害过,没有关系亲密的同学。因此,她开始变得不太想说话,做事没有兴趣,考试成绩下降。她经常受到父母责骂:“在学校里不好好学习,心思都放哪里去了?”“就知道玩手机。”小张逐渐出现自伤行为,用刀划一下自己的手腕,以后多次出现自伤行为,觉得划手臂出血带来的疼痛感让她舒服、轻松,后来两个手臂都是划痕,甚至出现了幻觉,如听到有人评论她。至精神心理科就诊,经过住院治疗后病情明显好转。但她担心出院后不能融入学校的环境中去,有自卑情绪,认为住过精神病医院,就被扣了“精神病”的帽子。

2. 分析

(1) 个人因素。小张自我封闭,缺乏沟通交流,存在心理和情绪问题,不知道如何解决问题。即使病情好转,也不知道如何应对社会,进入一个消极情绪的恶性循环,缺乏有效解决问题的行为模式。

(2) 学校因素。在学校里,与同学、老师交流少,受网络暴力影响,不知道如何处理。

(3) 父母因素。父母严厉,只关注孩子学习成绩,忽视孩子的心理健康,而且平时也缺乏沟通交流。

因此，无论从个人、家庭还是在学校，这名高中女生都缺乏好的社会支持系统的支持。

3. 支持建议

（1）维护好原来的社会支持系统。如亲戚、同学、朋友及老师等，尝试与辅导员、班主任及同学多交流，多一些心灵上的沟通，增加理解，积极主动寻求帮助，利用有效支持促进康复，提高心理复原力。儿童和青少年最依赖父母的支持。因此，父母与自己的孩子多一些心灵上的沟通，注重心理需求，而不能一味地只给予物质上的支持。

（2）确保自己精神状态良好。目前，精神疾病被歧视的标签没有完全被消除。由于缺乏对精神疾病的了解，人们可能会认为患精神疾病者不可理喻，让患者本身也会与外界有种隔阂感。尽管如此，患者和家属都要接纳正在康复的自己，尝试接纳“害怕”自己的其他人，主动接触社会。确保自己的精神状态良好，如按医嘱服药、随访，尽量降低由于病情带来的负面影响，顺其自然，该做啥就做啥，为取得良好的社会支持打下基础。

（3）扩大自己新的社会支持系统。参加各种团体活动、社团等，如跑团、摄影协会，羽毛球兴趣小组等。也就是说，自己要走出去，多一些交流的机会，就会有多一些支持的机会。

二 青少年精神障碍照料者（父母）的心声

1. 案例

这是一位14岁男生，初三，发病时表现为自言自语，称“有两个我”，注意力无法集中，遇到刺激后就像突然变了一个人似的，变得焦躁。孩子因病情较重住院治疗，母亲专门请假照顾，病情时好时坏。父母因考虑孩子还小,还没有参加中考,希望能考上高中,离考试时间不到 3 个月了,且父母的意见并不统一,父亲想让其继续去参加考试,母亲想让其休学。患者的病情让父母非常矛盾,内心焦虑,对其未来非常担忧,自身的心理压力也很大,健康受影响,甚至社交生活也受到一定的影响。

2. 分析

作为精神科医生,在平常接触患者家属中发现,相当一部分家属表现为长吁短叹、愁眉苦脸、心理压力巨大,当然也有一部分家属能够坦然面对。对青少年情绪障碍患者照料者的心理健康状况调查发现,1/3 以上的照料者存在焦虑情绪,抑郁情绪达到 60%以上,且生活质量下降。因此,这部分照料者同样需要良好的社会支持系统。

3. 支持建议

(1) 相互支持。孩子是父母的心头肉,当遇到孩子患严重的精神疾病时难免会很焦虑,这时需要做的就是相互支持,认真倾听对方,家庭成员需要讨论后做出一个决定,共同面对未来的生活。当意见不统一发生争吵时,积极改善家庭互动、情感交流方式。因为只有相互支持、家庭和谐,增强家庭复原力,才能缓解不良情绪,做出更有利于孩子的决定。

(2) 正视和面对自己的情绪问题。不能相互指责对方,需要主动寻求情感上或者行动上的支持。如果采取消极的应对措施,负性情绪会恶化。

(3) 提高资源利用度,扩大支持资源。对于孩子生病,需要与医生共同讨论,专业的事情要交给专业的医生。因为孩子病情好转了,得到及时的治疗,父母的焦虑也会缓解。对周围可利用的资源都可以采用,如通过电视、微信或者医院定期举办的科普讲座和知识宣讲，以加强对精神疾病的认知能力和应对能力。当然也不要忘了，有困难可以找政府，如居委、街道办事处等寻求帮助。

三 浑身不舒服的崔阿姨

1. 案例

崔阿姨，65 岁。退休后从农村到城市里来帮女儿照看小孩。近两年来，她老是感觉肩膀痛、腿痛、腰痛，舌头火辣辣的，胸闷气短，腿脚酸，胃口不好，感觉头脑像木头一样。女儿请假带其去过神经内科、骨科、心内科就诊，也做了各种检查（头颅磁共振和心脏彩超等），医生都说从检查结果来看不应该有这些疼痛或者不舒服，很多时候就开了一些活血化瘀的中成药物，每次看完吃了药之后没有明显改善。后来病情进一步发展，觉得做人没有兴趣，觉得什么事情都不顺，甚至有消极想法、不敢睡觉、阵发性大汗、发冷发热等症状，至精神病医院住院诊治，诊断为"老年抑郁症"。经过系统治疗后，病情好转，但总是问自己怎么会得这种病。崔阿姨平时一直都很开朗的，她谈到自己来到这个陌生城市，有语言问题，平时也较忙，与周围人交流少，不认识人，离开了原本熟悉的环境，能说话的人很少。像崔阿姨这种情况，在门诊上还是很常见的，无论给她本人还是子女都带来了经济、心理和躯体上的压力。

2. 分析

崔阿姨的身体不适可能与生活中持续应激、抑郁或焦虑，以及没有得到良好的社会支持有关。老年期抑郁起病原因复杂，如：随着年龄增大，认知能力下降，现实适应能力降低，本身社交圈缩小，退休后社会地位及经济水平等都下降，以及对健康问题的焦虑等。

3. 支持建议

(1) 作为子女不要让父母太孤独。崔阿姨平时可能因为辛苦带娃，在陌生城市因各种问题导致社交圈小、兴趣减少，自我的需求难以满足。而子女白天上班，晚上才回家。父母因年龄增大，内心却越来越孤独，希望有人陪在身边。父母不会为难子女，内心孤寂、痛苦无法排解，疾病可能就是他/她无声求助的方式。因此，子女平时有空要多陪陪父母谈心，增加沟通，尝试帮助融入新的环境中，利用支持资源协助父母适应社会。

(2) 主动参加集体活动，增加交往的主动性。社区居民很多都是来自五湖四海，晚上也能看到许多中老人聚在一起跳广场舞、聊天。可以根据自己的兴趣参加一些集体活动，如：跳广场舞、打棋牌，克服语言上的困难，增进彼此间的认识与理解；尝试关心他人，与他人积极互动，缓解内心压力。

(3) 现有的社会支持系统要支持、维护好。现在通信支持很发达，即使人在远方，也可以利用电话、微信等通信工具交流，与亲朋好友倾诉沟通。社会交往和人际关系在应激中对个人可以起到支持和陪伴作用，同时也可以让个体获得归属感，获得爱与尊严。

以上分享的3个案例，在精神科临床工作中很常见，若能找到良好的社会支持系统，就能提高家庭成员和患者的抗压能力，更好地适应社会。

若想要检测一下自己的社会支持系统，可以用《社会支持评定量表(Social Support Rating Scale，SSRS)》(肖水源编制)测定一下。

表 2-4-1 社会支持评定量表

指导语：下面的问题用于反映你在社会中所获得的支持，请按各个问题的具体要求，根据你的实际情况来回答。谢谢你的合作。

1. 你有多少关系密切，可以得到支持和帮助的朋友？（只选 1 项）
(1) 0 个 (2) 1～2 个
(3) 3～5 个 (4) ≥6 个
2. 近一年来你：（只选 1 项）
(1) 远离家人，且独居一室
(2) 住处经常变动，多数时间和陌生人住在一起
(3) 和同学、同事或朋友住在一起
(4) 和家人住在一起
3. 你与邻居：（只选 1 项）
(1) 相互之间从不关心，只是点头之交
(2) 遇到困难可能稍微关心
(3) 有些邻居很关心你
(4) 大多数邻居都很关心你
4. 你与同事：（只选 1 项）
(1) 相互之间从不关心，只是点头之交
(2) 遇到困难可能稍微关心
(3) 有些同事很关心你
(4) 大多数同事都很关心你
5. 从家庭成员得到的支持和照顾（在无、极少、一般、全力支持 4 个选项中，选择合适选项）
(1) 夫妻（恋人）
A. 无；B. 极少；C. 一般；D. 全力支持
(2) 父母
A. 无；B. 极少；C. 一般；D. 全力支持
(3) 儿女
A. 无；B. 极少；C. 一般；D. 全力支持
(4) 兄弟姐妹
A. 无；B. 极少；C. 一般；D. 全力支持
(5) 其他成员（如嫂子）
A. 无；B. 极少；C. 一般；D. 全力支持
6. 过去，在你遇到急难情况时，曾经得到的经济支持和解决实际问题的帮助的来源有：
(1) 无任何来源

(2) 下列来源：(可选多项)
A. 配偶；B. 其他家人；C. 朋友；D. 亲戚；
E. 同事；F. 工作单位；G. 党团工会等官方或半官方组织
H. 宗教、社会团体等非官方组织；I. 其他(请列出)：________
7. 过去，在你遇到急难情况时，曾经得到的安慰和关心的来源有：
(1) 无任何来源。
(2) 下列来源：(可选多项)
A. 配偶；B. 其他家人；C. 朋友；D. 亲戚；
E. 同事；F. 工作单位；G. 党团工会等官方或半官方组织
H. 宗教、社会团体等非官方组织；I. 其他(请列出)：________
8. 你遇到烦恼时的倾诉方式：(只选 1 项)
(1) 从不向任何人诉述
(2) 只向关系极为密切的 1～2 个人诉述
(3) 如果朋友主动询问，你会说出来
(4) 主动述说自己的烦恼，以获得支持和理解
9. 你遇到烦恼时的求助方式：(只选 1 项)
(1) 只靠自己，不接受别人帮助
(2) 很少请求别人帮助
(3) 有时请求别人帮助
(4) 有困难时经常向家人、亲友、组织求援
10. 对于团体(如党团组织、宗教组织、工会、学生会等)组织活动，你：(只选 1 项)
(1) 从不参加
(2) 偶尔参加
(3) 经常参加
(4) 主动参加并积极活动。

注：量表计分方法：第 1～4、8～10 条，每条只选一项，选择 1、2、3、4 项分别计 1、2、3、4 分；第 5 条分 A、B、C、D4 项计总分，每项从无到全力支持分别计 1～4 分；第 6、7 条如回答"无任何来源"计 0 分，回答"下列来源"，有几个来源计几分。量表总得分和各分量表得分越高，说明社会支持程度越好。若得分低，就需要优化自己的社会支持系统。

(上海交通大学医学院附属精神卫生中心　汪崇泽)

第五节　情绪问题的心理支持及家庭支持

当我们遇到焦虑、情绪失调、适应困难等心理问题，可以求助于心理专家。通常，心理专家们是如何帮助你的呢？

对于一般心理问题，尚未达到疾病程度，心理医生会建议进行心理咨询。对大部分人来说，心理咨询室可能比较神秘。心理咨询室是什么样的？心理咨询师会怎样帮助我？只是谈谈话而已吗？会不会像电影里那样，还要躺在椅子上接受催眠呢？现在，我们就带你走进心理咨询室。

如果医生明确诊断有心理方面的疾病，如抑郁症，心理治疗是治疗抑郁症的辅助手段之一，能提高来访者解决问题和适应环境的能力，促进康复，预防复发。在本节中，我们简要地介绍几种常用的心理治疗技术，并通过生动的案例来了解心理治疗是怎样进行的。

除了心理方面的支持，家庭支持对抑郁症患者的康复、预后相当重要。当家庭遭遇变故，如发生离婚、丧偶及亲人去世等重大生活事件时，抑郁症会因此加重或复发吗？该如何应对？

一　走进心理咨询室

走进心理咨询室

1. 什么样的人适合心理咨询

每个人都或多或少存在一些心理上的问题，但有的问题只会让你的情绪短暂低落，而有的问题却可能影响你的正常工作和生活。因此，心理咨询既适用于部分轻度心理问题的来访者，也适用于普通健康人群，如缓解压力、改善人际关系问题等。

值得说明的是，当来访者具有以下几种情况，不适合进行心理咨询或单一采用心理咨询：

有明显精神病性症状，如幻觉、猜疑被害及言行异常。

有不想活的念头或自杀观念。

有冲动毁物或伤人行为。

无法进行有效言语交流。

还有一点必须强调：应避免找“熟人”做心理咨询。因为咨询以外的社会关系可能破坏咨访关系，从而影响治疗效果。

2. 我想进行心理咨询，是否可以直接挂号

一般情况下，心理咨询需提前预约。

一次心理咨询耗时45～60分钟，为了更好地维持秩序，减少来访者的等候时间，建议你提前预约咨询时间。

3. 心理咨询室与普通诊室有何不同

心理咨询室给人的感觉更加温馨、舒适，配有沙发、茶几、装饰物。其装修布置、墙面色彩、光线及家具陈设等均有一定标准，这些因素都能激发来访者的咨询动机。

例如：

墙壁、地板采用柔和的色调，给人安全、平和的感觉。

咨询师和来访者的沙发呈90°角摆放，避免咨访双方对视。

茶几上摆放绿植盆栽，绿色植物象征生命力。

室内光线柔和，不可过明或过暗。

面对咨询师的墙壁上设置时钟，方便指示治疗时间。

室内挂装饰画，令空间开拓、心情舒畅。

4. 心理咨询师和精神/心理科医生有何不同

心理咨询师是接受过专业心理培训的专业人员。他们中有的可能同时是精神科医生，有的是专职从事心理工作的咨询师。

心理咨询师通过言语和非言语交流，运用心理咨询技术为来访者打开心结，排解内心的苦恼。咨询师面对的大多是健康人群，解决的也大多是一般的心理问题。

精神/心理科医生看病时，主要通过询问病情，做相关检查，进而作出诊断，并制订治疗方案。医生面对的大部分是患者，既可以处理轻症的心理障碍，也可以处理重性精神疾病。重要的区别在于，医生是有处方权的，可以开药及操作物理治疗。

5. 第一次心理咨询，会聊些什么

为什么想进行心理咨询？遇到什么问题？有什么困惑？

这些问题很严重吗？有多严重？

适合进行心理咨询吗？

希望心理咨询解决什么问题？在咨询结束后会获得什么样的变化？

在心理咨询中，我们要遵守哪些规则？

约定下一次咨询时间。

6. 心理咨询的原则

（1）保密：心理咨询中的谈话内容不外泄。

（2）尊重：互相尊重个人的权力和尊严。

(3) 时间限定：通常每次会谈时间 45～50 分钟，一般每周 1 次，无特殊情况不得随意延长会谈时间，或更改已经约定的治疗时间。

(4) 客观中立：咨询师应站在一个客观的立场，不以道德标准对来访者进行评判。

(5) 关系限定：咨询师不得利用咨访关系谋取私利，不得与来访者发展咨访关系以外的社会关系（如朋友、恋人等）。

(6) 帮助来访者自立：咨询目的是使来访者获得成长，而不是让他对咨询师产生依赖。

二 对抗抑郁，别忘了心理治疗

对抗抑郁，别忘了心理治疗

心理治疗是治疗抑郁症的辅助手段之一，能提高来访者解决问题和适应环境的能力，促进康复，预防复发。但说起心理治疗，似乎总能带来一种神秘感，以下简要介绍几种常用的心理治疗技术，看看心理治疗是怎样进行的。

1. 认知行为治疗

认知行为治疗是通过改变被治疗者对自己、他人、事件的看法与态度，消除不良的情绪和行为，重点在于改变被治疗者的信念、期望和应对能力。

认知行为治疗主要基于这样的理念：思想和感受在我们的行为中起重要的作用。消极的想法在脑海中自动发展，并被认为是真实的，往往会对一个人的情绪带来负面影响。例如，一个特别关注空难事故的人，会越来越坚信飞机不安全，进而在出行时极度排斥坐飞机。

抑郁症患者遇到生活中的挫折后，常常无端自责，夸大自己的缺点，忽略自己的优点，习惯性认为"我不好，我不受欢迎，别人不喜欢我"，坚信自己是一个失败者，并且将失败的原因都归因到自己身上。但这些观点常常是扭曲的，与现实不相符合。

认知行为疗法的目标是教会患者：虽然你不能控制周围世界的每一方面，但可以控制自己如何考虑和处理生活中的事情。

在治疗过程中，治疗师会通过与来访者交谈，帮助识别有问题的思维，这个技术被称为"功能分析"。随后，治疗师会侧重于引起问题的时机行为，让来访者在行动中改变这种不合理的想法和思考方式，从而消除不良的情绪和行为。每次治疗后，治疗师会布置家庭作业，使来访者学会在日常生活中识别不合理的认知，以及用更为积极的思维看问题。

2. 人际心理治疗

抑郁症通常在一定的社会人际背景下产生，如婚姻破裂、失业、亲人去世、搬家及退休等。这些负面事件与抑郁症状相互影响，让患者难以维持正常的生活、工作和人际关系。

人际心理治疗聚焦于这些和抑郁症状相关的人际问题。

治疗中，心理治疗师会通过一些询问技巧等，帮助来访者逐渐理解抑郁症状和自己的人际状况之间的关系，学会应付当前的人际问题，培养处理人际关系的新技能，使抑郁症状逐步缓解。

人际心理治疗属于短期限时治疗，一般进行 8～16 次治疗，每周 1 次，每次 45～50 分钟。整个治疗可分初始阶段、中间阶段和终止阶段，每个阶段都有特点的目标和任务。①初始阶段：最多持续 3 次治疗，治疗师会选择一个人际问题领域作为治疗焦点，作为个案为来访者分析，并给予治疗希望。②中期阶段：持续 4～13 次治疗，治疗师和来访者一起解决初始阶段选择的人际问题，加深来访者对当下生活事件和抑郁症状之间关系的理解。③终止阶段：共 2～4 次治疗，相当于毕业阶段。治疗师会分析整个治疗过程中哪些方面的症状有所改善，并赞扬来访者的成绩和学会的新社交技能。

3. 家庭治疗

家庭治疗是以整个家庭为对象进行的心理治疗，特色是把焦点放在各家庭成员之间的关系上。

当家庭中有成员患心理障碍时，其他成员不可避免受到影响。反过来，若家庭环境有问题，比如：过于忽视或者过分关注患者，也可能影响抑郁症的发生和发展。当家庭成员间有冲突（如夫妻矛盾、亲子矛盾）时，可能会影响个体心理治疗的效果。上述情况下，都可以寻求家庭治疗的帮助。

治疗过程中，治疗师会引导家庭成员们：

忽略“理由和道理”，注意“感情与行为”。

摒弃“过去”，关注“现在”。

淡化“缺点”，强调“好处”。

只提供“辅助”，不替代做“决策”。

值得说明的是，很多人对家庭治疗并不熟悉，有的家庭还可能对“全家参与”有顾虑，担心一家人都被扣上“精神病”的帽子，父母则害怕“子女出问题，责任在父母”的结论。但你应该了解，这些认识都是错误的。通过家庭治疗，家庭成员之间的关系更加开放、自然及灵活，大家共同寻找问题的所在及改善的方向，彼此之间的边界变得清晰，更能体会自己和他人的情感，从而促进患者的康复。

4. 团体心理治疗

团体心理治疗一般由 8～15 名来访者参加，1～2 名治疗师主持。

在治疗期间，团体成员就大家所关心的问题进行讨论。通过这种人际互动，成员观察、学习及体验，进而认识自我、接纳自我，调整与他人的关系，学习新的态度和行为方式，发展良好的生活适应能力。

团体心理治疗适用于过分仔细、追求完美及有人际沟通问题的人。治疗师提供一个安全的模拟现实人际互动的环境，成员之间相互学习、交换经验，尝试模仿，学习社会交往技巧。在团体中，成员相互提供情感支持、获得积极的人际互动体验、重建健康的信念。

需要注意的是，心理治疗并不一定适合每一个患者，最好先请精神科医生进行专业评估，看看是否需要/适合心理治疗。针对不同的患者，医生会选择不同的心理治疗方法。心理治疗师则会根据患者的情况，制订个体化的治疗方案。最终的目的是改善症状，提高解决问题的能力，促进康复，防止复发。

三 当抑郁遭遇家庭变故，我该怎么办

当抑郁遭遇家庭变故，我该怎么办

家庭是一个人的庇护所，对抑郁症患者来说，家庭还是帮助他们康复的重要支持。当家庭遭遇变故，如发生离婚、丧偶及亲人去世等重大生活事件时，抑郁症会因此加重或复发吗？该如何应对？

1. 婚姻家庭的负性生活事件，是否会对抑郁症造成影响

答案是：会的。

临床研究显示，抑郁症患者往往比健康人经历更多的负性生活事件。不良生活事件不仅与抑郁症的发作密切相关，而且

对预后和复发也有不同程度的影响。

下列负性生活事件，常会导致抑郁复发：

自己或亲属患上重大疾病、慢性病或遭遇意外伤害。

社交障碍、人际冲突及婚恋不顺等。

老年抑郁症患者中，家庭亲密度低、躯体疾病、家庭经济差及离婚丧偶等也可能导致复发。

2. 在抑郁症发展的不同阶段，负性事件的影响程度不同

抑郁症首次发作和第二次发作前，遭遇上述负性生活事件对抑郁症复发的影响最明显。

但随着复发次数的增多，负性事件对患者的影响会逐渐减小。其他因素，如用药不规范、服药时间过短、社会支持少、家族中有近亲属患抑郁症及抑郁症复发次数多等，都会增加抑郁症复发的风险。

3. 遭遇婚姻家庭的负性事件，我们该怎么办

遭遇离婚、丧偶及亲人去世等重大生活事件时，绝大多数人都会出现心理、生理和行为上的不良反应，如情绪不稳、注意力不集中、睡眠障碍、乏力及胃口不好等。而抑郁症患者的消极状态可能更突出，更难走出阴影，也更易导致疾病复发。因此，应采用更为积极的心理干预手段。

(1) 合理宣泄不良情绪。遭遇亲人离世等负性生活事件时，要合理宣泄悲伤、痛苦等不良情绪。可以痛哭一场，也可以找信任的朋友或亲人倾诉，或者参加一些有助于减压的活动。

此时千万不要故作坚强，或怕“没面子”而不敢表达自己的真实感受。把坏情绪和悲伤压抑在内心深处，就好比把洪水困在一个“堰塞湖”里，对心理的伤害更大，也更容易“决堤”。

但需注意，倾诉要适度，千万别变成“祥林嫂”，把他人当成你的“泄洪渠”，这非但不利于你自己的心灵成长，也会损伤现有的社会支持系统。

(2) 积极寻求其他家庭成员或社会的帮助。当自己的亲人或伴侣离开时，我们会感到孤立无援、不知所措，此时可以寻求家中其他成员的帮助。比如，让关系好的表姐妹来陪自己住几天，回家和父母住一段日子等。要知道，你没有必要把所有的辛苦都肩负起来，而且抑郁后的心本就不堪重负，要学着找到属于自己的倚靠。

来自工作单位、社区、政府福利保障机构的社会支持，也能帮助我们更好地解决问题。因此，可以向单位工会、居委会等机构咨询，寻求帮助。

(3) 探索新的生活方式。当家庭婚姻结构发生变化，在最初的悲伤、不知所措之后，需要逐渐调整自己的生活方式来适应新的家庭状况。例如，重新设计房子的格局，改变一下沙发和茶几的位置，添置几件新的家具，有助于换个心情；给自己的新生活安排丰富的活动，发展自己的兴趣爱好。相信在新的生活方式中，你一定会发现不一样的精彩。

(4) 寻求心理咨询师或精神科医生的帮助。如果自己仍无法排解哀伤，建议寻求正规心理咨询或心理治疗的帮助。在心理咨询师或治疗师的帮助下，处理不良生活事件诱发的坏情绪，提高解决问题和适应环境的能力。

同时，建议抑郁症患者定期去心理科/精神科门诊复查，进行心理评估，及早发现复发征兆，尽早接受专业的治疗。

(上海交通大学医学院附属仁济医院　季陈凤)

第三章

对抗情绪问题，管理情绪

第一节　情绪管理

第二节　医生，我能不能不吃药

第三节　正念——一生的修行

第四节　中医与情志

第五节　压力之下给自己“放个假”

第六节　光照与情绪

第七节　健康饮食与情绪

第八节　动起来，甩掉“情绪垃圾”

第九节　打造井然有序的规律生活

第十节　健康睡眠与情绪

第一节　情绪管理

情绪管理的概念最早可以追溯到20世纪80年代，人们认为情绪管理不仅可以察觉自我情绪，还能通过体会周围情境，掌控自我情绪。古籍《心术》提道："为将之道，当先治心，泰山崩于前而色不变"，所指就是将领们优秀的情绪管理能力。在目前这个高速发展的社会中，情绪管理是社会交际中必备的重要技能，也是领导者必不可或缺的关键能力。

一　情绪管理与理想的情绪管理

在现实生活中，常能感受到各式各样的情绪，愤怒、恐惧、悲伤及喜悦等激烈的情绪会从我们的表情与言行中不可遏制地表现出来，有时甚至会有被情绪"冲昏头脑""情不自禁"的感受。常能见到受情绪牵引、不受控制的人，在情绪的驱动下做事。同时，也能见到另外一种人，他们在高兴时不喜形于色，而生气时不怒自威，他们看似总会将自己的情绪牢牢掌控在自己手中，正可谓"喜怒不露于面"，指的正是这种人。他们能够察觉到自己的情绪，并将它牢牢控制在手中，这使得他们能够摆脱情绪的"催化"，避免冲动行事。

提到情绪管理，就不得不说到心理学家沙洛维和梅耶提出的一种概念——"情绪智力"，即一个人通过感受、监察、控制自己和他人的情绪，并且能够利用情绪信息的一种能力。虽然字面上相似，情绪智力与情商这一概念有相同又有不同，情绪智力侧重于“能力”，而情商侧重于描绘“性格”。心理学家们认为，一个人的情绪能力越强，便能更为“成熟”地面对来自外界环境的压力，更可能在学习、工作和生活中获得成功。

理想的情绪管理中，一个人可以在不同的场合改变情绪的程度和质量，将一种情绪压低，或者是将它转化为别的情绪。例如，在感觉极端愤怒的时候，普通人都会表现得怒发冲冠，而有些人却能维持优雅从容，不被冲动冲昏头脑。在面对突发事件或处理重要事件时，情绪管理能力优秀的人才总能游刃有余。情绪管理能力优秀的领导者们，更是可以在控制自身情绪的同时，带动或改变周围人的情绪，使得工作团队拥有良好的情绪环境，从而达到最高的工作效率。

二 如何了解自己的情绪管理能力

想要获得或加强情绪管理能力，必须要对目前的自我情绪管理能力有清醒的认识。量表评估法是最为高效的评估方法，常用的评估量表有多《因素情绪智力量表（Multifactor Emotional Inteligence Scale，MEIS）》《情绪智力量表（Emotional Inteligence Scale，EIS）》《情绪稳定自测量表（Emotional Stability Scale，ESS）》。其中，最为常用、较为可信的是《EIS》，可以测量人们感知、理解、表达、控制和利用自己以及他人情绪的能力。该量表分为 4 个维度：①对情绪的感觉能力；②对情绪的表达能力；③理解和推理自身情绪的能力；④理解和推理他人情绪的能力。得分越高，表明情绪智力水平越高。《EIS》已有中文翻译版本可供评估使用，大家不妨试试看。

除了上述所列出的量表之外，基于混合模型的量表可以让人对自身性格和情绪能力有更深的理解，《情商问卷（EQ-i）》与《情绪胜任力量表（Emotional Competence Inventory，ECI量表）》更偏向于对人们性格特征的评估。情商问卷可以用来评定个体是否具备比其他人更加健康的情绪品质，《ECI量表》可以评估个体的胜任特征，多用于评估应聘者的情绪胜任力。

使用了这些评估手段之后，大家很容易对自身的性格特征和情绪管理能力有一个总体印象，就可以进入下一个环节——提高情绪管理能力。

三　如何提高情绪管理能力

情绪管理能力即心理学上所说的"情绪调节技能"，由3个基本技能组成，分别为情感觉察、情感接纳和运用多种情绪调节策略。我们可以用4个情绪相关的案例来解释。

1. 案例一：情感觉察

A先生是一位珠宝店服务人员，某日因为迟到挨了主管的批评，觉得自己受了委屈，内心愤懑。因此，他在当班时，对前来咨询的顾客态度冷淡，最后收到了顾客的投诉，受到了更为严厉的处分。

在此案例之中，A先生就是没能做好情感觉察，不能意识到自己长时间地处于愤怒、生气的情绪之中，在长达一天的时间中长久地沉浸在这种情绪之中，甚至有迁怒于他人的举动，以至于因此丢失了专业精神，耽误了自己的工作。

由此可见，及时的"情感觉察"，能够使我们走出情绪的迷雾，为接纳和调节自己的情绪做好准备。情感觉察可以通过训练进一步强化，不妨使用以下的办法：

在每天的生活之中，随时随地问自己："你现在是什么感受？"并在手机或随身携带的记事本中写下自己所经历的事情，以及当下的心情，以当场记录为宜。当一天过去，你可以通过这些记录回顾自己的情绪变化，并对自己的情绪本性有更加深刻的理解。

当训练次数增加，你便可以摆脱记录的麻烦，在脑海中便可以完成情感觉察，冷静地认识到自己当前的情绪。

2. 案例二：情感接纳

B小姐是重点大学中品学兼优的学生。有一日，她要参加一门重要的口语考试。B小姐知道自己的口语能力并不差，但仍然对参加考试感到十分紧张。她不停地想："如果我这样紧张，一定会考试失败的。"如此反复思考，想要压制紧张情绪，却仍然紧张得坐立不安。果不其然，在考试时，B小姐因为过度紧张，连考官的问题都没能听清，最后只拿到了一个低分。

在此案例中，B小姐一直被紧张情绪所扰，想要避免紧张、压制自己的情绪，到最后却因为紧张情绪的爆发而影响了考试的发挥。B小姐无法理解和接纳自己消极的情绪体验，便是因为没有掌握情感接纳的调节办法。

"情感接纳"，便是允许伴随负面情感体验顺其自然发展，不刻意去压抑自己的消极情感，而是接纳它，承认它其实是正常情感体验的一部分。在紧张时，我们可以利用紧张的情绪鞭策自己继续工作学习；而在悲伤时，我们也不用一味地压制自己的情绪体验，可以找一个地方痛快地大哭一场。情绪管理并不提倡压制情绪，而是需要收放自如，情感接纳便是"放"

的那一面。

3. 案例三：认知重评

C女士在工作时，因为顾客的误解而受到了临时处分。在面对咄咄逼人的顾客和言辞激烈的上司时，C女士并没有因此而觉得不满、委屈，她不断地在心里提醒自己："这些事都是小事情，没有那么严重。"最后，她通过冷静的分析和有条理的言辞化解了误会，得到了顾客和上司的理解。

在此案例中，C女士运用了"认知重评"的情绪调节技能，成功化解了危机。认知重评是最常用且最有效的调节策略，通过改变对情绪事件的理解和事件对个人意识的认识来消解情绪。认知重评可以缓解我们对于事情可能结局的焦虑，从而达到压低情绪、隐藏情绪的目的，使人们可以更加从容地分析事态，处理事务。

以下是一些可以用于认知重评的语句：

这件事情没有那么严重，是我想太多了。

这些事都是小事情，我可以解决的。

5年之后，我会把这些事情忘得一干二净。

这件事情发生的话也在情理之中。

我不用这么生气，都是小事，生气却是大事。

…………

面对人际关系上的压力时，我们可以将其"以大化小"，不必过于在意旁人的一个眼神一句闲话；面对一次考试的失利，大可不必感到挫败，一次考试并不能成为个人实力的证明；面对工作上的琐碎失误，我们大可以想："5年之后，这些事情都不会影响到我，那么我为什么要为之烦恼呢？"如此一来，不良的情绪便可以消解大半。

4. 案例四：表达抑制

D先生是一位餐厅经理。某日，在他当班时，有一位顾客因为等位过久而对他发怒。D先生对这种行为感到厌恶，他却没有表现出来，反而是耐心而专业地请顾客在休息区等待，并送上了茶水和小食。顾客受到了礼遇，也因为之前的无理而感觉不好意思。D先生完美地完成了当晚的服务。

“表达抑制”，指的是一种表达形式上的反应修正，发生在情绪反应后，是对即将发生的情绪表现行为进行抑制。D先生有良好的情绪管理能力和个人修养，压制住了自己的情绪反应。若说情感接纳是情绪调节中“放”的那一面，那么表达抑制便是“收”的那一面。

以下是一些可以用于情绪表达抑制的语句：

我现在可以不生气，先想想办法再说。

现在发作出来，我可能会后悔。

逞一时之快总是不好的。

冲动是魔鬼，我有更好的解决办法。

忍一时，我们可以有更多时间解决目前的问题。

……

在使用表达抑制策略的时候，我们也需要考虑到这种策略带来的情绪压抑和负性情绪累积的问题，负性情绪并不是一个无底的口袋，而是应该定期清理的储存口。如果条件允许，我们也要重启情感接纳的策略，让自己的情绪得到合理的宣泄。

（上海交通大学医学院附属精神卫生中心　黄秦特，孔淑琪）

第二节　医生，我能不能不吃药

随着大家对情绪问题和情绪障碍的重视，就诊患者也是越来越多。拿抑郁症来说，在全世界范围内已被广泛认为是主要的公共健康问题，而及时规范的治疗对于提高临床治愈率、减少复发是重要保障。在各国的治疗指南中，抗抑郁药都被作为治疗的主要方法。但是在治疗过程中会发现，患者经常自行停药，导致严重的后果，如病情反复、增加治疗难度等。发作次数越多，缓解期就越短，严重影响患者社会功能的恢复。

精神科诊室经常会看到这样的情景，医生刚说到“你需要吃些药”，患者就立马表现出十万分的不愿意，总是反复强调：“我只是一点小问题，我可以不吃药的”；或者会说：“医生呀，我吃了是不是会有依赖呀，以后一辈子都要吃药了，吃药以后我就会变傻的”；还有人很干脆地说：“医生，我没有精神病，不需要吃药……”每当遇到此类情况，医生总是哭笑不得。

一 不愿意服药的原因

1. 药物原因

(1) 药物起效时间。一般认为抗抑郁药物的起效时间为2～4周,通常需要2周才能看到治疗作用。另外,药物对每个患者起效的时间也不尽相同,有些患者的起效比较慢,漫长地等待会让患者感到焦虑和无助,从而影响服药的依从性。如果在治疗过程中,服药后3周没有表现出任何病情改善,可能需要调整药物的治疗方案。

(2) 服药频率。有的药物需要每天多次服用,患者可能觉得麻烦,或是忘记,或者其所处环境不允许服药导致停药。

(3) 服药时间长。一般精神疾病要求长时间维持治疗,很多患者在病情稳定后都不能坚持服药。

(4) 药物不良反应。服药早期患者会出现一些不良反应,如胃肠道反应,甚至有坐立不安等表现,有些患者因难以忍受而停药。

2. 患者原因

(1) 在国人的传统观念里,“是药三分毒”,所以大家对吃药这件事总是非常抵触。患者往往对此产生顾虑,怕影响健康而停药。

(2) 对疾病认识不足。有的患者没有认识到疾病的严重性,认识不到治疗精神疾病的长期性,认为自己没有症状了就可以不服药了;认为精神障碍不是躯体疾病,只是小毛病,不需要服药,从而影响其依从性。

(3) 精神症状影响。有些患者受精神症状影响,悲观消极,破罐子破摔而不肯吃药；还有的患者认为自己很厉害，不用吃药也能好。

(4) 病耻感。很多患者在维持服药期间会碰到服药尴尬，怕同事或是朋友看到服药。

(5) 患者角色行为缺如。没有进入患者角色，不承认自己是个患者，不能很好地配合医疗和护理。

二　心境障碍的常用药物

面对疾病这个共同的敌人，医生与患者应该是同一个战壕的战友，我们有什么办法来对付我们的敌人呢？

首先让大家一起来认识一下治疗心境障碍经常使用的药物。该类药物包括抗抑郁药、抗焦虑药及心境稳定剂，一般 2～4 周起效；药物不良反应出现较早，但会随着治疗时间的延长减轻或消失。

1. 抗抑郁药

抗抑郁药是一组主要用来治疗以抑郁心境为突出症状的精神药物，与精神兴奋药不同的是它只能缓解抑郁患者的抑郁状态，而不能提高正常人的情绪。经典的抗抑郁药如三环类、四环类等；不良反应多，目前已经少用。新型抗抑郁药包括氟西汀、帕罗西汀、舍曲林、西酞普兰、文拉法辛、度洛西汀等，常见不良反应有恶心、口干、出汗、乏力、震颤等。该类药物的主要不良反应是胃肠道反应，另外还有头疼、失眠、皮疹和性功能障碍等。

2. 抗焦虑药

抗焦虑药是用于缓解焦虑和紧张的药物，包括如苯二氮卓类和非苯二氮卓类药物。苯二氮卓类药包括安定、阿普唑仑（佳静安定)、氯硝西泮(氯硝安定)、艾司唑仑(舒乐安定)、劳拉西泮等,不良反应包括头晕、嗜睡、乏力及胃肠道反应,有成瘾和耐药的风险。非苯二氮卓类,如丁螺环酮、坦度罗酮等,常见不良反应有头晕、头痛、口干、失眠、食欲减退、恶心呕吐、心动过速等。

3. 心境稳定剂

心境稳定剂是指用于情感性精神障碍的治疗和预防,可以调整不良的心境,包括碳酸锂、丙戊酸钠及新型的抗精神病药物等,常见不良反应为头痛、头晕、恶心、镇静、体重增加、消化不良等。

三 如何提高服药的依从性

怎样对待服药这件事

1. 保持足够的耐心

精神障碍治疗一般需要较长的时间,精神科药物起效时间往往很长,常需要患者耐心等待。有些人觉得症状好了就停药,容易导致复发。服药时间的长短要视病情而定,不能想吃就吃,想停就停。停药或是减药一定要经医生评估病情以后再决定。要定期复诊,最好固定复诊医生,这样医生对病情有全面深入地了解,有利于一旦有任何突发情况或是病情波动可及时、有效地处理。部分反复发作或治疗效果不佳的患者可能需要更长的治疗时间,要让患者做好长期和疾病作斗争的准备。特别需要注意的是,由于精神科药物不能立马起效,千万不能才服用几天就觉得无效而停药,或自行改换其他治疗方式,以致延误病情。

2. 正确对待药物的不良反应

任何药品都有不良反应,只要是不属于治疗作用的都称为不良反应。不良反应因人而异,不是说每个人都会出现不良反应，也不是说每个人的不良反应都一样。其实现在的抗抑郁、抗焦虑药物及心境稳定剂的不良反应已经很轻微了，而且大多数是能够处理的。随着患者服药时间的延长，耐受性增加，也会越来越轻微或者消失不见的，并且不是人人都会出现不良反应的。

3. 权衡利弊

药物可以控制情绪症状，帮助患者保持社会功能，日后能够正常生活，重新融入社会。如果患者对服药这件事出现摇摆和动摇时，可以通过“权衡利弊”这个简单的方法，填写利弊分析表，详细列举服药和不服药各自的利弊理由，一目了然地看到自己的获益多少，帮助自己做出选择（见表3－2－1）。而目前常用药物的不良反应通常不严重。当然，如果在服用药物期间出现严重的不良反应，需及时就医，在医生的指导下调整治疗方案。与微不足道的不良反应相比，患者的获益会更大。

表3－2－1　服药利弊分析表

坚持服药治疗	停止药物治疗
好处：	好处：
坏处：	坏处：

4. 社会支持

很多患者在生病后存在顾虑，害怕别人知道自己得病，害怕别人在背后议论自己，在公共场合不敢吃药。其实这也是一种正常心理，精神疾病和躯体疾病一样，不是患者可以控制的，想不生病就不生病。目前患有情绪障碍的人越来越多，随着科普的宣传，人们对精神疾病认识的提高，越来越多的人了解这类疾病，理解精神疾病患者。得了精神疾病不是患者的错，就像得高血压、糖尿病一样，不要有过高的心理负担。它和躯体疾病一样是可以治疗的，是可以临床治愈的，患者也是能够重新融入社会的。另外，药物的剂型方面现在有了更多的选择，如缓释片、长效针剂、口服液等，可以满足患者的不同需求。

5. 家庭支持

家庭成员对患者的理解、支持、关怀、疏导和鼓励，不仅可以使患者享受亲情和温暖，更重要的是为其康复提供了良好的家庭气氛和环境。家庭成员爱的力量会让患者充满信心去战胜疾病。

6. 出现不良反应无须过度担心

大多数药物的不良反应都是能够处理的。例如：便秘，可以多吃些水果和蔬菜，实在不行可以借助通便药物；口干，可以多喝水，嗜睡或是激越，可以调整服药时间；高血压、糖尿病者可以避免使用引起血压或血糖升高的药物。总之，注意身体状况，若发生任何异常，及时告诉医疗人员进行必要处理。

面对疾病这个共同的敌人，医生与患者应该是同一战壕的战友。患者应该相信医生能够给予最优的建议，相信自己有足够的能力战胜疾病。

（上海市青浦区精神卫生中心　汪晓晖）

第三节　正念——一生的修行

正念是近些年来越来越流行的一个名词，也有越来越多的人选择把正念冥想当作一种减压保健的方式，比如乔布斯就是一名忠实的正念冥想的修习者。那么到底什么是正念？如何进行正念训练呢？本节将带你走入正念。

一　正念对我们有什么好处

正念源于东方禅修，最早出现于佛教的《四念住经》，在巴利文中称为“sati”，是修习方法八正道之一，最早由美国麻省理工学院的卡巴金博士从佛教中提取正念技术，并去宗教化，向世界范围推广。正念（mindfulness）的操作性定义是以非评判的方式把注意力聚焦在当下。所以正念训练的要点有两个，一个为是非评判，对所经验到的一切，只是去觉察它们，不去评判它们；让它们来，由它们走。另一个为觉察当下，比如，我们此刻的呼吸、此刻的想法，或者正在做的事情，这些都是当下发生的事情，练习觉察它们。

1. 增强觉察力

生活中我们经常会陷入一种自动导航状态。比如：一边吃饭，一边思考未来的计划；一旦产生焦虑情绪，就会下意识拿起手机玩游戏；做完一件事，总会选择性注意自己做得不好的地方。这些就是在自动导航下发生的行为，不知不觉，很难控制。而若要恢复自己对行为的控制，首先就要恢复觉察力。从自动导航状态中摆脱出来，对自己当前的状态、位置、前进的方向有清晰的觉察，这样才能控制自己朝着想要的方向前进。正如我们想要拿起桌子上的一个水杯，那么首先要看到它，然后才能控制自己的手向着水杯靠近。对于自动导航状态，冥想大师约瑟夫·戈德斯坦曾有过一段描述："我们跳上一辆载满联想的火车，却不知道自己上车了，当然也就更不知道自己要去往何处。在路途的某个地点，我们或许会清醒过来，认识到自己一直在思索，被联想强行带走了。而当我们走下火车的时候，周围的精神环境已经和我们上车时截然不同了。"正念的练习可以帮助我们看到火车来，火车走，但自己并不会登上那辆火车。

2. 活在当下

我们回想过去以总结经验，思考未来以制订计划。但是对过去的回忆经常会让我们陷入消极情绪之中，对未来的思考也会增加我们的焦虑。可能有人会说人类进化了很多年才进化出发达的前额叶，让我们能够从过往的经验中受益，并能够为未来担忧从而及早计划，现在为什么要放弃这个能力。其实我们根本无法放弃这样的能力，正如我们根本无法让自己的意识不发生游离。只是过多地回想过去以及思考未来会损害对当下环境的适应，我们需要对过去、当下和未来有一个平衡。而把注意力聚焦在当下，可以让我们更好地体会当下环境的安全以及生活的美好，还可以提高工作效率，从而增加主观幸福感。

3. 培养非评判和接纳的态度

我们的大脑中充斥着各种评判，但很多时候评判只会阻碍我们适应当下的环境。厌食症患者在面对食物时，会产生“食物会让我变胖”的评判；强迫症患者在摸到脏东西的时候，会产生“我可能会因此生病”的评判；一个社交焦虑的患者可能会经常冒出“自己刚才的表现不够好的”评判。这些“危险”评判会让我们产生防御，但防御却会反过来强化“危险”认知，甚至会带来新的危险后果，从而让情况更糟。正念要求我们放弃这些评判，以好奇、接纳的态度去体会自己所感受的一切。我们攀登人生这座山，前进是一种存在，后退亦是一种存在；痛苦是一种存在，快乐亦是一种存在；登顶是一种存在，坠落亦是一种存在。这些存在没有分别，都值得我们用心感受。存在先于对错，存在本身就是我们全部的目的。我们要做的不是防御它们，而是迎接、感受、享受它们，还心灵以自由。

目前，正念被广泛应用于临床，帮助患者减轻压力和痛苦，并发展出了一系列以正念为基础的干预疗法。诸如：正念认知疗法、辩证行为疗法、接纳与承诺疗法、正念减压疗法。有很多临床研究发现，正念干预可以有效缓解患者的慢性疼痛，辅助治疗癌症等疾病，还可以缓解慢性抑郁、焦虑症状以及防止抑郁复发，提高生活满意度，对物质滥用、进食障碍、边缘型人格障碍患者等也有疗效。

二 正念的练习形式

正念呼吸练习

正念的练习形式有很多，主要有正念呼吸、正念进食、正念行走、躯体扫描等，此外还有正念太极、正念瑜伽等。除了这些，我们还可以在生活中进行有意识的正念练习，比如在洗碗时感受水流过手指的感觉，以及洗澡时手抚摸身体的感觉等。以下详细介绍几种主要的正念练习形式。

1. 正念呼吸

正念呼吸是比较常用的训练形式，因为呼吸是一个很好的观察对象。一方面，呼吸是当下正在发生的事情，而正念训练就是练习把注意力聚焦在当下的能力；另一方面，对呼吸的观察很方便，我们无时无刻不在呼吸，那么我们也可以随时随地观察呼吸，不需要额外的工具辅助；再者，呼吸是有节律性的，它不是固定不变的，观察变化的东西更能吸引我们的注意。在进行正念呼吸练习的时候，要求我们观察呼吸，同时对意识游离保持觉察，对大脑中冒出的念头只是去观察它们，而不去评判它们。也就是说在做正念呼吸练习时，我们的注意有两个锚点：一个是呼吸，一个是意识游离。

正念呼吸引导语如下：

接下来请找一个你觉得舒服的姿势坐好，让自己有尊严地坐着。

我们以铃声开始，以铃声结束。

当你准备好了的时候请慢慢地闭上你的眼睛。

尝试把注意聚焦在你的呼吸上，观察你的呼吸。

观察吸气的时候，气息从鼻孔流入的感觉。

观察吸气的时候，气息从咽喉流入的感觉。

观察吸气的时候，胸部的隆起。

观察吸气的时候，腹部的隆起。

试着捕捉一下，吸气和呼气之间小小的停顿。

此时此刻,你的注意力还在你的呼吸上吗?如果不在的话,它又在哪里呢?你是在回忆过去,还是在思考未来,尝试捕捉一下你的念头,不去评判它,只是去观察它。当你把它看清楚的时候,慢慢地把注意力拉回到呼吸上来,观察你的呼吸。

观察呼气的时候,腹部的下降。

观察呼气的时候,胸部的下降。

在观察呼吸的同时,对意识游离保持觉察,尝试捕捉大脑当中冒出的念头,然后重新把注意力拉回到你的呼吸上来,观察你的呼吸。

观察呼气的时候,气息从咽喉流出的感觉。

观察呼气的时候,气息从鼻孔流出的感觉。

然后再整体观察你的呼吸一会儿,观察你的呼吸,观察意识游离。

对于脑中冒出来的念头,只是去观察它们,不去评价它们,让它们来,让它们走。

好,当你准备好了的时候,可以慢慢地,带着觉察地睁开你的眼睛。

2. 正念进食

在《正念的奇迹》一书中,记录了一个小故事。越南的一行禅师和学生吉姆在美国旅行时,坐在树下分吃一个橘子。吉姆往嘴里仍一瓣橘子,在还没有开始咀嚼前,就又准备往嘴里扔进另一瓣,他几乎没有意识到他在吃橘子。一行禅师提醒他:“你应该把含在嘴里的那瓣橘子吃了。”吉姆这才惊觉自己正在做什么。如果说吉姆在吃什么,那么他在吃他未来的计划。

我们平时进食的时候,是不是也经常这样呢?我们会一边吃饭,一边看手机,或者一边吃饭,一边在思考未来的计划。很多时候，我们不知道食物的味道，甚至不知道自己在吃什么。而正念进食要求我们在吃东西的时候，对食物的色、香、味、形以及进食的动作保持清晰的觉察。

比较常做的是正念吃葡萄干的练习，引导语如下：

现在把这个葡萄干慢慢地放在左手的手掌上。

用心观察这个葡萄干。

观察它的形状，它上面的纹路。

观察它的颜色。

观察光线投射在它身上形成的影子。

尝试用右手轻轻地捏一捏它，感受一下它的质感。

把它轻轻地拿起，迎着光线观察它。

然后慢慢地让它靠近自己的鼻子，闻一闻它的味道，并对这个移动的动作保持觉察。

慢慢地把它放入自己的口中。

先不要咀嚼它，用舌头探索一下它，感受一下它的触感。

用牙齿把它咬成两半，再用舌头感受一下果肉的质地。

然后慢慢去咀嚼它，并对咀嚼的动作保持觉察。

感受它的味道。

当你吞咽的时候，对吞咽的动作保持觉察。

当你把它吃完的时候，感受一下口腔中的变化，以及食物残留的味道。

现在我们试着想象一下，这颗葡萄干，它从一颗小小的种子，发芽、生根，长成一株幼苗，沐浴阳光雨露，年复一年；结果、成熟，然后被农民采摘，经过加工、运输、销售，以及我们的采购，它才得以来到我们的手上。在这个过程中，我们感恩自然母亲对我们的关怀，感恩别人的劳动，感恩自己的努力。

3. 正念行走

自从我们学会走路之后,行走便不能引起我们很多的注意了,它成了一种无知无觉的动作,但其实行走是一种很精妙的平衡运动。正念行走要求我们恢复对行走过程的觉察,觉察我们走路时身体的运动、走路时脚步肌肉和腿部肌肉的感觉,同时也可以整合对呼吸和对意识游离的觉察。对于正念行走,我们可以刻意放慢速度去练习它,可以选择在屋子里来回慢慢走动,或者在一个安静的花园里来回慢走。慢节奏的正念行走,可以让我们对行走的过程有一个非常清晰的觉察。在行走的时候,去觉察肌肉运动的感觉,觉察行走的冲动,觉察意识游离和呼吸。我们也可以保持正常的行走速度来练习,那么这种快节奏的行走方式可能会让我们很难对行走的细节有非常清晰的觉察,不过我们可以尝试对行走时迈左腿和右腿的觉察,或者保持对行走时整体行走感的觉察。

4. 躯体扫描

在躯体扫描中,会要求对身体进行全面而细致的关注,帮助我们重建身心的联系。在这个练习中,一般采取仰卧方式,把注意从身体的不同部位做系统性的移动。可以从脚趾开始,对脚趾的感觉保持全然的觉察,不论这个部位有什么样的体验,都要用心去觉察它并放在那里,在脚趾处逗留一会;然后把注意转向脚掌、脚后跟,向上转移到小腿、膝盖、大腿、臀部、腰部、背部、腹部、胸部、大臂、小臂、手腕、手指、肩部、颈部、脸颊、口部、眼睛、额头、头部等。在躯体扫描的同时,保持对呼吸和意识游离的觉察。

正念是我们一生的修行，它可以让我们获得越来越强的觉察力，让我们更好地以一种不评判、无分别心的态度活在当下。正如卡巴金所说："正念训练就像肌肉训练一样，我们日复一日地练习它，正念的'肌肉'也会变得越来越强大。"当正念和你融为一体的时候，相信你会从中获益匪浅，正念将以各种方式滋养你的生活和工作。

（上海交通大学医学院附属精神卫生中心　王凯风，范青）

第四节　中医与情志

生活中处处都体现着中医的理念，“治未病”是中医学的重要防治思想，意思是未病先防、既病防变、愈后防复，这与我们现代医学的健康管理观念是一致的。中医学中的情志，指的是人的七种情绪，即喜、怒、忧、思、悲、惊、恐。情志和五脏是相关联的，所谓的五脏即心肝脾肺肾。《黄帝内经》记载：“肝在志为怒，心在志为喜，脾在志为思，肺在志为忧，肾在志为恐”，悲忧同属肺，惊恐同属肾。情绪过度变化可以引起疾病，你的每个情绪都会涉及脏器、影响身体健康。那么，我们从中医的视角该如何进行情绪的保健呢？

一　日常生活调整

1. 合理作息

人们很早就发现，睡眠是人体恢复精气、体力的主要方式。因而民间有“一觉闲眠百病消”的谚语。生活在自然中的人，只有顺应自然才能健康地生存。人们的就寝与起床时间同样也是如此，不可违背自然规律。春夏顺应生长之气以养阳，秋冬顺应收藏之气以养阴。那么为了顺应这个养生之法，《素问・四气调神大论》建议：春夏宜晚睡早起，秋季宜早睡早起，而冬季宜早睡晚起。现代人工作时间的固定性导致很难根据四季变化来严格调整作息，但应尽量使睡眠时间规律。若起居作息毫无规律，就会降低人体对外界环境的适应能力，导致疾病的发生。夜里11点到凌晨1点一定要上床睡觉，如果在这个时段消耗精气，其损害也比其他时候要严重。凌晨1～3点的睡眠对养肝很重要。早上5～7点是大肠经值班，这个时候天也基本亮了，天门开了，故该起床了。每个人可根据自己的作息时间适当调整，规律起居才能有利身心健康。

2. 健康饮食

《黄帝内经》中说："不时不食"，就是要求饮食一定要顺应大自然的规律，每个季节吃什么，每个时期吃什么，都应与天气变化相适宜。春季饮食宜清淡，如黄豆芽、绿豆芽，还应多吃新鲜蔬菜和野菜，如春笋、菠菜等，以利体内积热散发。夏季气候炎热、多雨，可多食西瓜、绿豆、瘦肉、冬瓜等，忌辛辣食品。秋季燥气袭人，口咽、皮肤等均易感干燥，可食蜂蜜、萝卜、银耳等清肺降气、生津润燥。冬季气候寒冷，寒气太甚可伤阳气，故应食牛、羊肉等温热性食物（见图3-4-1）。

失眠也可以吃一些食物来缓解症状，比如核桃、葵花子、红枣。苹果的浓郁芳香对人的神经有镇静作用，能够改善睡眠。枸杞护肝明目，香蕉能够稳定情绪、改善抑郁。有研究表明，富含叶酸的食物能有效预防抑郁症，绿色蔬菜中基本上都含有叶酸，以菠菜叶酸含量较高，所以应多食用绿色蔬菜。

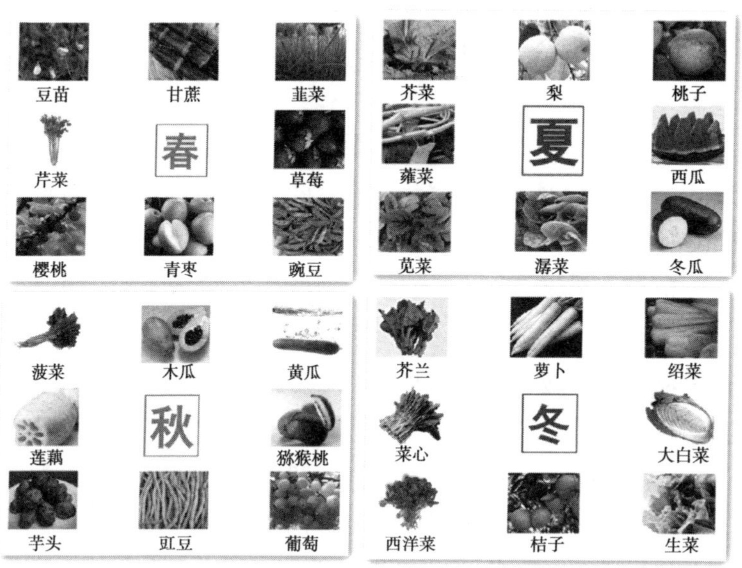

图 3-4-1 四季时蔬

3. 强身健体

体育运动可促使脑血循环,改善大脑细胞的氧气和营养供应,延缓中枢神经细胞的衰老,提高工作效率。尤其是轻松的运动,可以缓解神经肌肉的紧张,起到放松镇静的效果,对神经官能症、情绪抑郁、失眠、高血压等都有良好的治疗作用。中医认为运动可升阳,阳气生发,则生命力自然旺盛。秋冬时节,阳气潜藏,不适合大量运动;夏天阳气在外,偶尔大汗也不要紧。因此,主张适度运动、以出微汗为宜,不主张大汗淋漓,同时要顺应四时规律。

近年来神经心理学家通过实验已经证明,肌肉紧张与人的情绪状态有密切关系。不愉快的情绪通常和骨骼肌肉及内脏肌肉紧绷的现象同时产生,而体育运动能使肌肉在一张一弛的条件下逐渐放松，有利于解除肌肉的紧张状态，减少不良情绪的发生。可选择阳光下的适度运动，如太极、瑜伽、跑步（慢跑）、健步走、广场舞等。

另外，运动的最佳时间是晚饭后45分钟，此时热量消耗最大，运动效果最好。为了避免锻炼后过度兴奋影响入睡，应该在临睡前2小时结束运动。

4. 修身养性

寓养生于怡情，用音乐、品读等高雅情趣来颐养生命，这就是雅趣养生。冰心先生曾言："善养生者养内，不善养生者养外。"

（1）音乐：可以感染调理情绪，进而影响身体。通过聆听音乐使自己的精神状态、脏腑机能、阴阳气血等内环境得到改善。现代研究也证明，音乐对于促进心血管系统和消化系统功能，缓解肌肉和神经紧张都具有良好的功效。推荐曲目：《紫竹调》《胡笳十八拍》《十面埋伏》《阳春白雪》《梅花三弄》。

（2）下棋：能增强记忆，启迪思维，培养数学逻辑，更能提升专注力与耐性，陶冶性情。精神专一宁静，从而使脏腑机能、阴阳气血等身体内环境得到改善，达到调整身心、保持健康的目的。

（3）品读：中国几千年的历史积淀了许多优秀的文化作品，品读它们可以丰富知识、增长智慧、涵养德行、陶冶情操，从而做到平和宁静、怡养心神。

（4）旅游：可以开阔眼界、增长见识、舒畅情怀，可以呼吸大自然的新鲜空气，耳目为之一新，神情为之一爽。研究表明，新鲜空气可使人体代谢增强、心胸舒畅、精力充沛、食欲增加。经常去空气清新的地方游玩，既可预防疾病、保持身体健康，还能对某些疾病起到良好的康复治疗作用。另外，旅游可以登高望远、徒步远行、锻炼身体。

二 自我缓解不良情绪

（一）疏通经络

人的任何情绪的产生和表达，都应当有一个合适的“度”，过则有伤身体。十二经络各主一类情绪，经络中能量堵塞就会产生负面情绪，而不良情绪是百病之源。胆负面情绪主焦虑；肝负面情绪主愤怒；肺负面情绪主悲伤；大肠经负面情绪主懊悔；胃负面情绪主急躁；脾负面情绪主抱怨、委屈；心负面情绪主怨恨、仇恨；小肠负面情绪主哀愁；膀胱负面情绪主消沉；肾负面情绪主恐惧；心包负面情绪主压抑；三焦负面情绪主紧张。如果疏通了经络，负面情绪也会自然地消失。

1. 穴位点按

（1）按揉心包经可以缓解“心累”。心包经是沿着人体手臂前缘的正中线走的一条经脉，起于胸中，一直走到中指（见图 3－4－2）。左右手臂各有一条。可以沿着心包经的穴位逐个揉按，以痛为标准。若是按到痛点就多按几下，最好能按到感觉不痛为止。按压力度适宜并多停留几秒钟，平均每个穴位按摩 2～3 分钟。

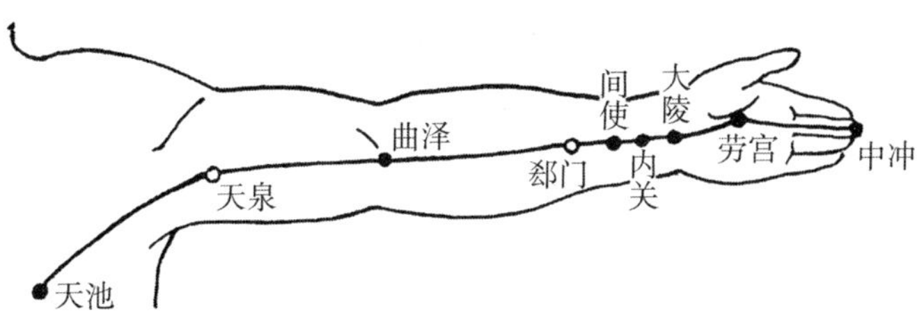

图 3－4－2　心包经

(2) 捋捋膻中穴可宁心解闷。膻中穴位于两乳头连线的中点,有宽胸理气的作用(见图 3-4-3)。按摩时用大拇指指腹稍用力揉压穴位,每次揉压约 5 秒,休息 3 秒。生气时可以往下捋 100 下左右,以达到顺气的作用。

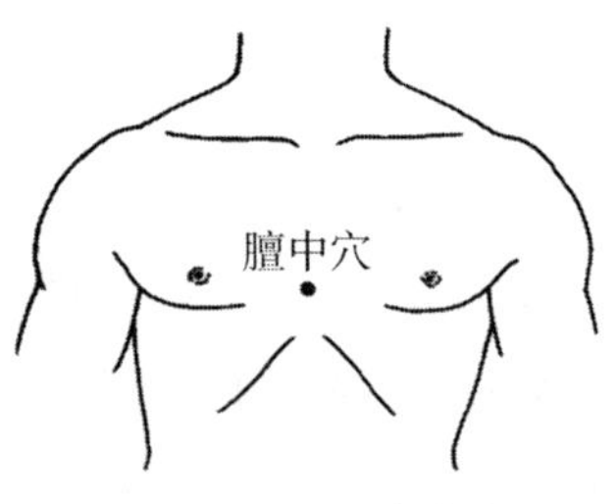

图 3-4-3 膻中穴

(3) 轻叩风池穴可缓解紧张。风池穴位于后颈部,在胸锁乳突肌与斜方肌上端之间的凹陷中(见图 3-4-4)。叩压这个穴位能起明目醒脑的作用。只要感觉疲劳、紧张或者焦虑时可随时轻叩,力度以感到稍有痛感即可。

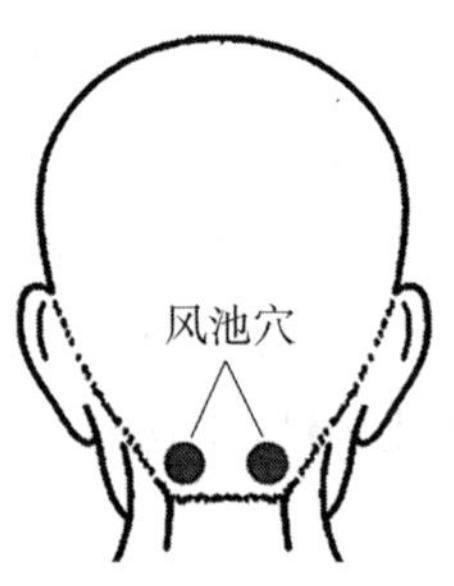

图 3-4-4 风池穴

(4) 指压合谷穴可治疗头痛失眠。合谷穴属于手阳明大肠经的穴位,按摩此穴对于神经性头痛、失眠和神经衰弱有一定的治疗作用(见图 3-4-5)。

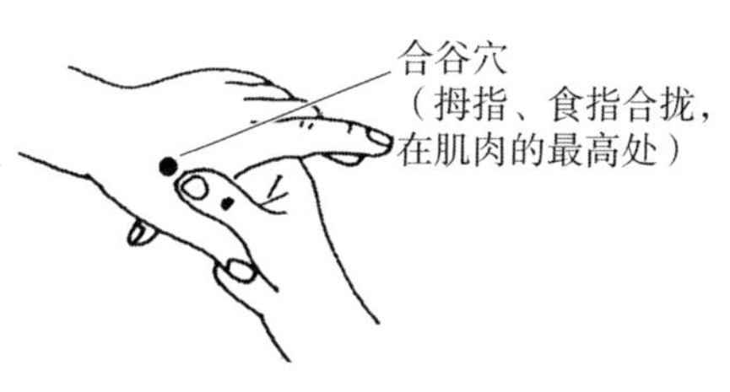

图3－4－5　合谷穴

（5）点按足三里补脾益气缓解愤怒。足三里位于小腿前外侧，外膝眼向下大约四横指的位置（见图3－4－6）。经常思虑或发怒，肝气不舒，会影响脾胃的生理功能。经常点按足三里，不但具有补脾益气的作用，而且可以缓解愤怒思虑的负面情绪。

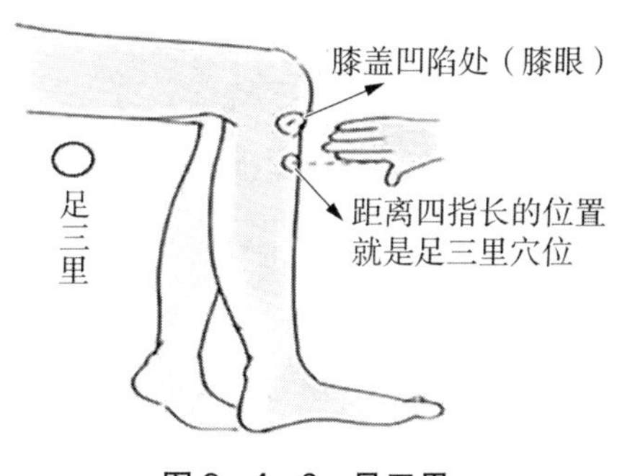

图3－4－6　足三里

2. 拍打足少阳胆经

足少阳胆经（见图3－4－7）走行于身体两侧，胆在思维活动中有分析事物、主决断的作用。所以经常拍打胆经可疏泄肝气，调节人体全身气血运行，增强处事决断能力，预防或消除某些负面情绪（如猝惊或大怒）对身体的不良影响。

具体操作方法：全身放松坐于凳子上，手握空拳，放松手腕，左右两侧同时从膝关节外侧敲打至大腿外侧，直至两侧皮肤发热，每次 3～5 分钟，每天 1～3 次。

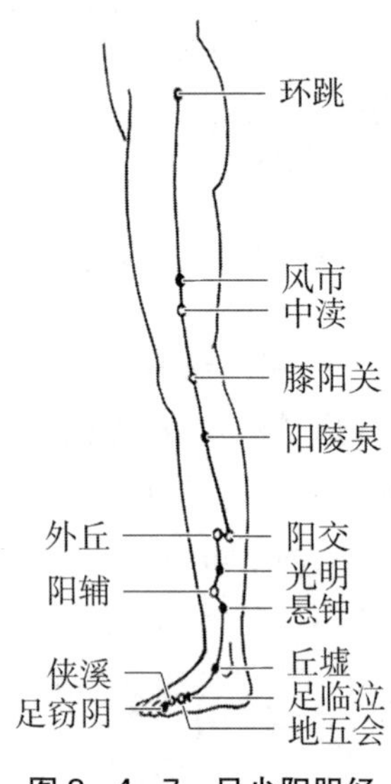

图 3-4-7　足少阳胆经

（二）八段锦

八段锦注重动作与呼吸的配合，外练身形、内修精气神，缓解大脑疲劳，调整情绪，使人达到身心健康和谐的状态。研究表明，八段锦对抑郁、焦虑具有良好的干预效果，并且对改善失眠症有一定优势。八段锦练习如图 3-4-8 所示。

（三）意疗

意疗其实就是中医学中的心理治疗。中医学历来重视心理因素在治疗中的重要作用，下面推荐两种简单易操作的方法。

图3-4-8　八段锦

1. 情志相胜疗法

五脏与情志间存在着五行制胜的关系，《素问·阴阳应象大论》指出："怒伤肝，悲胜怒""喜伤心，恐胜喜""思伤脾，怒胜思""忧伤肺，喜胜忧""恐伤肾，思胜恐"。当存在不良情绪时，用相互克制的情绪去制止、战胜对机体有害的情绪，从而恢复或重建精神平和的状态。举个例子，当你思虑过多导致脾气郁结时，因"怒胜思"，所以生气发怒便可以调和，但要得法和适度（见图3-4-9）。

2. 移情易性疗法

"移情"即分散注意，转移思想焦点，从某种情感纠葛中解脱出来。"易性"即改易心志，排除杂念，改变不好的生活习惯。目的是分散对疾病的注意力，把注意力转移到其他地方；或者改变

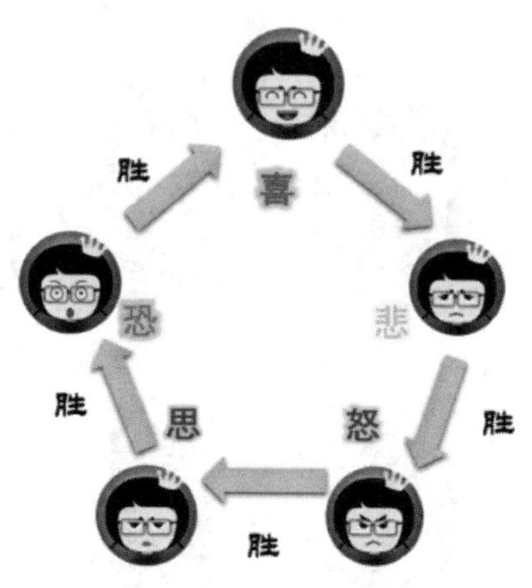

图3-4-9 情志相胜法

其周围环境，避开不良刺激所在，转移到另外的人或事上；或者通过谈心、学习、唱歌、绘画、种花、养鱼、垂钓等改变情操。

中医学是一门科学性很强且复杂的学问，同时也是个性化、系统化的，要因人、因地、因时而异，根据随时可能发生的变化进行及时调整。中医的调养讲究综合性，这样才能从整体方面进行调节，当然最重要的还是你的持之以恒。

（牡丹江医学院附属红旗医院　范小荷）

第五节 压力之下给自己“放个假”

在现代高速运转的生活中，每个人或多或少会面对形形色色的压力，写不完的作业，做不完的报告，永远不满意的甲方以及留不住的发际线……似乎总是有无形的压力追随着我们，人们在快节奏生活中匆匆行走只留下一个身影。生活中的我们常常会有身心疲惫的时候，有时只因为小事就能崩溃，却又能凭借勇气和感动再度出发。在前进的途中，累了、感到压力、紧张焦虑的时候，我们不妨停下匆匆的脚步，通过片刻有效的放松练习，给自己的身心放个假。

一 如何更好地面对压力

1. 回忆自己的满足时刻

紧张、焦虑、烦躁的情绪有时是因为当下想要的太多以至于求而不得，回想自己现在拥有的和以往的满足时刻，前进的路上偶尔也要停下来，给自己一个肯定，让心平静。

2. 接纳不完美的自己

世界上没有完美的生活，也没有完美的人生。从“为什么我没有做好”变成“我怎样可以比之前的自己做得更好”，将现实和理想平衡。回首人生中发生的糟糕事情，当时以为天塌了，现在想想也没有那么可怕。我们要感谢以往不完美的生活、不完美的自己，让自己有余地可以变得更好，不完美也是一种美。

3. 重整认知

面对困难，首先要区分哪些是你能改变的，哪些是改变不了的，有些事可能我们尽力了也做不到。相反，我们可以尝试多去关注前者，去做我们能够做到的事。

4. 一点一点，勇往直前

面对困难，很多人会觉得“好难，我肯定做不到”，因此干脆就不做。但事实上，大多人不去尝试不是不会做，而是因为或畏惧或回避或懒惰。不论是生活上还是工作中遇到困难的时候，我们可以把所有的任务分成小任务，鼓起勇气去尝试，不去做一定不能完成，但只要做了一点点，心中就会有完成这件事的希望。

5. 适时休息和放松

充沛的精力是完成工作和学习的必要条件。很多人因焦虑不敢停下，一不前进就觉得是在浪费生命，看似一直在努力，实则效率欠佳。适当的放松和休息可以给你更好的学习及工作状态，高效率地做事才能让我们持续前进。

二 对放松的误解

1. 消极应对的方法不能缓解压力改善情绪

很多人在面对压力或面对负面情绪的时候会选择“扛过去”，但其实这种消极应对的方法并不利于健康，反而让身心持

续感到疲倦。

2. 错误的放松方法不能达到放松的目的

(1) 长时间睡眠≠放松。适度睡眠能够消除疲劳、恢复精力，但长时间睡眠会使昼夜节律紊乱、活动时间减少，反而影响健康。

(2) 娱乐≠放松。放松的本质是人处于低刺激、低紧张状态。在放松的过程中，人的心率、呼吸频率、血压都会降低，皮质醇水平也会下降，大脑还能测出一种特定的阿尔法脑电波。而在娱乐的时候，大脑一直处于兴奋状态，并不断消耗精力。因此，娱乐并不能得到真正的放松。

(3) 静止不动≠放松。不少人以为坐在沙发上或躺在床上静止不动就是休息，其实不完全是，如果一个人躺着的时候仍然在动脑筋持续思考问题，也不能使身心得到良好放松。

三　放松训练

放松训练是指身体和精神由紧张状态转向松弛状态的过程。放松训练是临床上常见的改善情绪的治疗方式之一。英国相关治疗指南推荐心理干预作为药物治疗前的首选治疗。在心理干预中，基于放松的治疗方法被认为是改善情绪的有效治疗方案。以往的研究报告显示，放松疗法比认知行为疗法有更好的效果。不同的放松疗法在技术和环境上要求有所不同，但它们都有一个共同的治疗目标，即利用放松来减少压力或负面情感。

接下来，我们将为大家介绍几种常见的放松练习。

（一）自我放松训练的定义

自我放松训练是一种通过对身体的主动放松来增强对躯体自我控制能力的方法。常见的方法包括自我放松训练法、呼吸松弛训练法、想象松弛训练法、自我暗示松弛训练法等。通过自我放松训练，可以有意识地控制自身的生理和心理活动，以求降低机体的唤醒水平（指个体在心理和生理上做好了提高或降低反应的准备的程度），调整紧张情绪所造成紊乱的心理、生理功能，增强适应能力，适用于考试焦虑、特定恐怖障碍、学习困难、神经质等心理问题。

（二）自我放松训练的原理

1. 基本原理

直接反应主要表现在人体肌肉的放松上，使血管得到舒张、降低焦虑。良好的肌肉放松状态可使血管比紧张时适度舒张，有助于愉快情绪的产生；血管收缩、肌肉痉挛，则会产生紧张情绪。同时，松弛反应能够降低交感神经活动的兴奋性，从而对抗紧张的情绪反应。因此，自我放松训练不仅可以克服过度焦虑的心情，还能治疗和预防由紧张情绪诱发的心身疾病。

2. 生理和心理效应

（1）生理效应。人在放松状态下，交感神经系统功能下降、副交感神经系统功能上升、机体耗氧量和耗能量均明显减少、血氧饱和度增加、唾液分泌增多、指端血管容积增大、去甲肾上腺素水平降低，从而出现呼吸频率和心跳频率减慢、血压下降、全身骨骼肌张力下降等反应，并产生肢体温暖、头脑清醒和全身舒适的感觉。

(2) 心理效应。在进行自我放松训练时，不仅会有头脑清醒、心情愉快和全身舒适的感觉，也可能因人而异，出现刺痛感、麻木感、瘙痒感、跳动感和飘浮感，甚至感到肢体的长短也有变化(当然不会真的有变化)，其实这些都是跟躯体感受相关的奇妙的心理体验。这些现象被称为“释放现象”，能有效发挥调整心理功能的作用。

3. 呼吸调节训练的作用

呼吸调节训练在中国的气功中又称“吐纳法”或“调息法”。它要求练习者有意识地调节呼吸，做到悠、匀、细、缓四个字，并且与放松动作相结合，以达到调节身心动作和谐，养精蓄锐的目的。其实质在于通过调息训练达到控制心理活动，即所谓:“息调则心定，心定则息愈调”的功效。

(1) 调节大脑皮层功能。在呼吸调节训练过程中，参与调节呼吸的大脑皮层部位就处于兴奋状态，它可通过负诱导(即兴奋过后使大脑抑制过程增强的现象)使皮层其他部位进入抑制状态。这可能是调息促使大脑皮层“入静(大脑活动减少的一种境界)”的生理活动基本的过程。

(2) 促进新陈代谢。深慢的腹式呼吸使肺泡通气充分，横隔活动幅度较自然呼吸大三四倍，吸气时横隔明显下降，肺充分地扩张，胸内负压增大，促使全身各部回流入心的血液加多加快，增加右心室输出量及肺动脉内血流量，血氧饱和度得以接近正常水平或略有增高。

(三) 循序渐进自我放松法

循序渐进自我放松法

通过局部肌肉群的放松，循序渐进地扩及全身，是一种既科学又适合个体掌握学习的方法，即使个别要领动作不准确也不影响放松的效果。放松顺序是：手臂—头—躯干—腿，特别适用于考试焦虑者。环境要求：安静整洁、光线柔和，可以播放柔和的音乐。语调要求：训练时，参与者可用低沉、柔和缓慢的声音念出相应的指导语。准备工作：靠在椅子上，或躺在躺椅上、床上、地板上；去掉眼镜，松开领带、腰带、鞋子；闭上或半闭双眼。具体步骤如下。

1. 指导语

首先紧握右手5秒钟，1，2，3，4，5。现在放松，注意放松与紧张之间有何不同。体会一下这种轻松的感觉，注意对全身每一组肌肉进行相同方式的训练，交互施以紧张与松弛，现在开始。按次序放松肌肉练习，对右手再做一次紧张放松练习，然后依下述顺序进行训练。每一次对每一组肌肉做到：收紧肌肉，坚持5秒、放松10秒，体会紧张与松弛的区别。在进程中可适当穿插深呼吸，即深呼吸3次，每次吸气后停住，再徐徐呼出。

2. 肌肉放松次序及紧缩指令

逐个紧张和放松身上的主要肌肉群，从放松双手开始，然后是双臂、脚、下肢，最后是头部和躯干。

第一步：深深地吸进一口气，保持一会，再保持一会（大约10秒）。好，慢慢地把气呼出来，慢慢地把气呼出来（停一会）。现在再做一次。深深地吸进一口气，保持一会，再保持一会（大约10秒）。慢慢地把气呼出来，慢慢地把气呼出来（停一会）。

第二步：现在伸出前臂，攥紧拳头，用力攥紧，注意手上的紧张感受（大约10秒）。现在彻底地放松双手，体验放松后的感觉。这时可能感到沉重、轻松或者温暖，这些都是放松的标志，注意这些感受（停一会）。现在再做一次。

第三步：现在弯曲双臂，用力弯曲，紧张双臂的肌肉，保持一会，感受双臂肌肉的紧张（大约 10 秒）。彻底地放松双臂，体会放松后的感觉，注意这些感觉（停一会）。现在再做一次。

第四步：现在开始练习如何放松双脚（停 5 秒）。紧张双脚，用脚趾抓紧地面，用力抓紧，用力，保持一会（大约 10 秒）。彻底地放松双脚（停一会）。再做一次。

第五步：现在放松小腿部位的肌肉（停 5 秒）。将脚尖用劲向上翘，脚跟向下、向后紧压地面，绷紧小腿上的肌肉，保持一会（大约 10 秒）。彻底地放松（停一会）。再做一次。

第六步：现在注意大腿肌肉（停 5 秒）。用脚跟向前向下压紧地面，紧张大腿肌肉，保持一会（大约 10 秒）。彻底地放松。再做一次。

第七步：现在注意头部肌肉（停 5 秒）。请紧张额头的肌肉，皱紧额头，保持一会（大约 10 秒）。好，放松，彻底地放松（停一会）。现在紧闭双眼，用力紧闭双眼，保持一会（大约 10 秒）。好，放松，彻底地放松（停一会）。

第八步：现在，转动眼球，从上到左、到下、到右，加快速度；好，现在朝相反的方向旋转眼球，加快速度；好，停下来，放松，彻底地放松（停一会）。现在，咬紧牙齿，用力咬紧，保持一会（大约 10 秒）。好，放松，彻底地放松（停一会）。

第九步：现在，用舌头顶住上腭，用劲上顶，保持一会（大约 10 秒）。好，放松。彻底地放松（停一会）。

第十步：现在，请用力把头向后，用力压紧，用力，保持一会（大约 10 秒）。好，放松、彻底地放松（停一会）。

第十一步：现在，收紧下巴，向内收紧下巴，用力，保持一会（大约 10 秒）。好，放松，彻底地放松（停一会）。现在再做一遍。

第十二步：现在注意躯干上的肌肉群（停5秒）。好，往后扩展双肩，用力往后扩展，用力扩展，保持一会（大约10秒）。好，放松，彻底地放松（停一会）。再做一次。

第十三步：现在，向上提起双肩，尽量使双肩接近耳垂，用力上提双肩，保持一会（大约10秒）。好，放松，彻底地放松（停一会）。再做一次。

第十四步：现在，向内合紧双肩，用力紧合双肩。用力，保持一会（大约10秒）。好，放松，彻底地放松（停一会）。再做一次。

第十五步：现在抬起双腿，向上抬起双腿，弯曲腰，用力弯曲腰部，用力，保持一会（大约10秒）。好，放松，彻底地放松（停一会）。再做一次。

第十六步：现在，紧张臀部肌肉，上提会阴，用力上提，用力，保持一会（大约10秒）。好，放轻，彻底地放松（停一会）。再做一次。休息2分钟，再从头做一遍。

结束放松：这就是整个放松过程。现在，感受身上的肌肉群，从下向上、使每一组肌肉群都处于放松状态。首先，脚趾、脚、小腿、大腿、臀部、腰部、胸部、双手、双臂、脖子、下巴、眼睛；最后，额头，全部处于放松状态（大约10秒）。注意放松时的温暖、愉快的感觉，请将这种状态保持1～2分钟。然后，将从“1”数到“5”，当数到“5”时，睁开眼睛，感到平静安详，精神焕发（停2分钟）。好，数到“5”时，睁开眼睛，感到平静安详，精神焕发。

【注意事项】接受了自我放松训练之后，需要回家去练习，前几次自我放松训练并不能使肌肉很快进到深度放松，需要坚持下去，才会有效果。

（四）呼吸松弛训练法

呼吸松弛训练法是采用稳定缓慢的深吸气和深呼气方法达到松弛目的。一般要求连续呼吸20次以上，每次憋气2秒钟，呼吸频率为每分钟10～15次，每个周期为15～20天。吸气时双手慢慢握拳，微屈手腕，最大吸气后稍屏息一段时间，再缓慢呼气，双手放松，处于全身肌肉松弛状态。如此重复呼吸，注意力高度集中，排除一切杂念，全身肌肉放松。

1. 准备工作

（1）尽量穿着宽松舒适的衣服；寻找一个安静的环境；排空肠胃，餐后1个小时内不做练习。

（2）选择一个舒适的姿势，一般为坐姿，双手自然垂放于膝上，后背挺直，身体放松，眼睛全闭或半闭。

（3）练习前最好将手机调至静音状态，减少外界干扰。

2. 腹式呼吸

将双手分别放在胸部和腹部，用鼻子吸气，用嘴呼气。注意双手在吸气和呼气中的运动，判断哪一只手活动更明显。如果放在胸部的手的运动比另一只手更明显，这意味着你采用的更多的是胸式呼吸而非腹式的呼吸。尽可能让放在腹部的手随着肌肉的收缩上下运动，而另一只手不动。试着尽可能多地吸入空气，然后缓缓呼出。

配合呼吸的节奏给予一些暗示和指导语："吸……呼……吸……呼……"，或是数数"1、2、3、4"。呼气时尽量告诉自己现在很放松、很舒服，注意感觉自己的呼气、吸气，体会"深深地吸进来，慢慢地呼出去"的感觉。

对呼吸进行想象：吸气时，想象吸入的空气是白色的，想象空气流动着将能量输送至你的身体和四肢;呼气时,想象自己吐出的空气是灰色的,它带走了你体内的疲惫和辛劳。

3. 辅助技术

(1) 呼吸时握拳。双手慢慢握拳,吸气时将双臂外展挺胸,呼气时将双臂内收含胸。

(2) 叹息式呼气。在呼气时稍用力,发出“哈”的声音。

(3) 交替鼻孔呼吸。用右手的大拇指按住右鼻孔,用右手的食指或中指按住左鼻孔。按住右鼻孔,吸满一口气后停住,用手指按住左鼻孔的同时松开按住右鼻孔的大拇指,用右鼻孔呼气后再吸气,然后停住,再换到左鼻孔呼气。一呼一吸为一次,10 次为一个循环。

(五) 其他自我放松训练法

1. 想象松弛训练法

想象松弛训练法是通过想象一个让人感觉放松的场景,来达到身心放松的目的。遇到不良情境产生紧张、恐惧和焦虑情绪时,运用自己充分和逼真的想象力,主动地想象最能使自己感到轻松愉快的生活情境,用以转换或对抗不良心理状态。

(1) 具体步骤。①找一个安静舒服的地方,然后调整姿势、呼吸,放松身体。②想象走在一望无际的美丽的大草原上,草原上几乎空无一人,只有你自己,踩在柔软的草地上,清新的青草味和花香味扑鼻而来,不时还有鸟鸣的声音,感到很惬意。③微风吹来,又悄然离去,带走了心中的思绪;躺在温暖的草地上,只感到草地的柔软,阳光的温暖,微风的轻缓,只感到蓝色的天空笼罩你的心。温暖的阳光照着全身,全身感到暖洋洋。阳光停在脚尖,脚尖感到很温暖,很放松。④呼吸越来越慢,越来越深。

阳光来到小腿，小腿感到很温暖很放松，呼吸越来越慢、越来越深。以此类推放松身体的每一部分。⑤最后，放松完全身，暗示自己感觉浑身很舒服，结束想象。想象的时候可以配合音乐，帮助你更好地进入想象的情境。

（2）注意事项。①想象放松时，要逐步放松自己的身体，可以按照从头到脚或相反的顺序进行，做到循序渐进。②想象放松时，节奏不能太快，想象要细致，最好每一个细节都能想象出来。③想象放松时，对身体某部分肌肉进行放松时要留一定的时间，这样才能充分体会放松时的感觉。

2. 自我暗示松弛训练法

自我暗示松弛训练法是利用指导性短语，自我暗示、自我命令，消除紧张恐惧心理，增强意志力量，保持镇定平衡的心理状态。指导性短语由患者自行设计制订，要求短小精悍、流畅顺口，具有鼓舞斗志和自我命令、自我镇静的作用。实践表明，当患者在做一件会引起自己恐惧焦虑的事时，事先做好充分的心理准备，采用本法训练后再行动，确实具有镇静治疗作用。指导语如下。

（1）这些感觉虽然可怕，但不足畏惧，我可以改变它的意义。

（2）我太惊慌失措了，我不必为此小事大惊小怪，我会自己克服的。

（3）这些情境没有什么了不起，我一定会排除克服的。

（4）这种感觉虽然不好，但不用害怕，我可以改变它的。

3. 简易自我放松训练法

简易自我放松训练是运用心理学放松训练原理，简化操作流程，能缓解紧张疲劳状态，恢复认知加工水平。具体步骤如下：

（1）安静的环境，舒适的姿势。

（2）闭目养神。

（3）尽量放松全身肌肉，从脚部开始逐渐进行到面部，完全放松。

（4）用鼻呼吸，并能意识到自己的呼吸。当呼气时默诵1……，吸气时默诵2……。

（5）持续20分钟，可以睁开眼睛核对时间，但不能用报警器。结束时，首先闭眼而后睁开眼睛，安静地坐几分钟。

（6）不要担心是否能成功地达到深度的松弛，让松弛按自己的步调出现。当分心的思想出现时不要理睬它，并继续默诵1……和2……。随后，松弛反应将不费力地来到。进行这种训练，每天1～2次。不要在饭后1小时内进行，因消化过程可能会干扰预期效果。

4. 三线放松训练法

（1）特点。所谓的“三线”，即将身体分为两侧、前面和后面三条线，自上而下的依次进行放松。目的是有意识地注意全身各部位使之放松，使全身调整得自然、舒适、轻松，解除一切紧张状态，集中注意力，排除杂念，平定情绪，安定心神，调和气血，疏通经络，有助于消除应激、防止疾病、增强体质。

（2）基本方法。根据口令先注意一个部位，然后有意识地再注意下一个部位，心里默念“松”字。每放松完一条线，在一定部位的止息点上轻轻意守1分钟。

第一条线（两侧）：从头部两侧开始，依次沿着颈部两侧、肩部、两上臂、肘关节、前臂、腕关节、两手至十个指头。

第二条线（前面）：从面部开始，依次沿着颈前、胸腹部、两大腿前侧、消退前侧、脚背至十个脚趾。

第三条线（后面）：从脑后开始，依次沿颈后、背部、腰部、两大腿后部、膝窝、小腿后侧至两脚底。

（3）姿势要领。①坐式：头微前俯，含胸拔背，松肩垂肘，身躯正直，两手分别放在两边大腿膝部，掌心向下，两脚平行分开（与肩同宽），小腿垂直于地面，膝关节弯曲位90度角，鼻尖对脐，两眼轻轻闭合，舌抵上腭。②仰卧式：平身仰卧在床上。

（同济大学附属精神卫生中心　童捷）

（上海市浦东新区精神卫生中心　孙喜蓉）

（上海交通大学医学院附属精神卫生中心　周霓）

第六节　光照与情绪

冬季的阳光相对于其他季节来说非常稀缺和珍贵，有时在暖洋洋的阳光下享受一会儿甚至是一种奢侈，我们更喜欢在相对温暖的室内度过漫漫寒冬。此外，春夏秋的花红柳绿在严冬也会消失殆尽，映入眼帘的往往也是草枯叶落等单调色彩。这些变化对我们的生理以及情绪有哪些影响呢？

一　严冬，容易心理“着凉”

从生物化学的角度看，当阳光强度及时长下降时，会影响大脑中松果体的兴奋程度。这个腺体在人的间脑背面，是一个大小及形状近似豌豆的扁锥形结构，主要功能是分泌褪黑素。褪黑素参与昼夜节律、情绪变化、睡眠、免疫反应等生理过程，其分泌和人类眼球接收的光线有直接的关系。光照强烈时，人体内褪黑素的合成会被抑制，即黑暗时被激活，光照时被抑制。因此褪黑素的分泌存在一定的昼夜节律：人们晚上睡觉前的几个小时，是褪黑素大量释放的时间段，释放后会让人逐渐感到睡意；

一段时间后，褪黑素的分泌逐渐减少，到了清晨由于光照的影响，激素的分泌量最少。一般夜间褪黑素分泌水平比白天高1～2倍，凌晨1～5点是分泌高峰期。冬季日照量少，因此褪黑素的合成就比较多，从而影响人们的睡眠和其他一些生理活动。严重的时候，人体的生物钟会与当地时间逐渐脱离，生理周期被打乱，于是就有了季节性抑郁障碍患者，我们可以简单片面地理解为冬季心理“着凉”。

季节性抑郁障碍的概念于1984年由Rosenthal首先提出，属于抑郁障碍的一个特殊亚型。该类疾病的流行病学调查报道较少，Hansen等曾对北极圈北纬69°地区的群体进行了调查，调查人数达7 759人，发现成年男性发病率为14%，而女性为19%。也有报道显示，健康群体在冬季或阴雨天气情绪受到影响的达26%。在高纬度地区尤其在气候寒冷、冬季持续时间长的北欧地区，患病率更高。北英格兰在针对大学生患季节性抑郁障碍与亚季节性抑郁障碍的取样调查发现，从南部纬度搬迁到北英格兰的学生更有可能经历冬季的抑郁，但患者在移居低纬度地区后症状会缓解。此外，冬季的气温不定、花木凋零、草枯叶落、色彩黯淡，这些自然界的变化使某些体质较弱或极少参加体育锻炼的脑力劳动者，以及平素对寒冷比较敏感的人，更易与抑郁结缘。

二 冬季心理“着凉”的原因和机制

在冬季，季节性抑郁障碍的患者表现复杂，其病因、病理机制迄今尚未明确。在这里，我们主要介绍光环境的照度、色温及其所致的人体激素和神经递质的变化。

1. 光环境对人体去甲肾上腺素的影响

一直以来,去甲肾上腺素被认为是与抑郁和情绪波动关系密切的一种神经化学物质。研究发现,在增加光照后,人体内的去甲肾上腺素水平显著提高,因此可以猜测冬季抑郁障碍发生率高与光照减少所致的去甲肾上腺素水平下降有关。

2. 光环境对人体微量元素的影响

人体内维生素 D 的水平是季节性的,因为光照的变化,较低的维生素 D 水平会降低血清素和多巴胺的合成,而血清素和多巴胺两种神经递质已经被证实与抑郁和情绪波动的关系密切,因此这也是导致冬季季节性抑郁障碍发作的原因之一。

3. 光环境对人体褪黑素及其他生理水平的影响

美国照明研究中心(Lighting Research Center)对光与生理节律关系的研究表明,光对于褪黑素的分泌有重要的影响,特别是蓝光对褪黑素的分泌有明显抑制作用,446～477 nm 被认为是对褪黑素的分泌产生抑制作用的范围。对电脑和手机等光照对人体褪黑素抑制作用的研究发现,在光照 1 小时和 2 小时后其褪黑素抑制程度分别为 23% 和 38%,而且在青少年中上述光照对人体褪黑素的抑制作用更加显著。对松果体分泌褪黑激素的研究发现,人体的昼夜节律调节效应与光的波长有关,由光照紊乱引起的情绪障碍以及生理节律紊乱是可以相伴发生的。还有研究发现,通过改变光环境的照度和色温等参数,会对人体的体温、血压、心率、脑电图和心情等非视觉效应产生影响,如影响生物钟的形成、睡眠质量以及社会行为活动等。

三　冬季心理“着凉”的表现

季节性情绪障碍患者在冬季最常见的表现就是抑郁，包括情感症状、躯体症状、认知症状等多方面的障碍。

首先，主要症状是情绪低落，也就是缺乏内心快乐感，从忧伤、悲观到绝望，程度不同地处于恶劣心境之中。

其次，在身体方面，多表现为缺乏精力、食欲、性欲、睡眠等。值得一提的是一些容易让人忽视的现象：有不少老人胃口不好，或者感到胸闷、心慌，去医院相关科室检查，但都查不出器质性疾病，此时就要考虑去精神专科诊断治疗，看是不是得了抑郁症。

最后一点，在认知症状方面较为严重者则出现焦虑症状、自我评价过低、整体精神活动能力下降，比如无法集中注意力做某件事、经常忘记刚刚发生的事情以及很难做出决定等，并为此感觉生活变得很艰难。

一般来说，轻微的情绪障碍可及时宣泄或加以疏导，严重者很可能导致自残、自杀行为。因此，不能任由不良情绪泛滥，那么让我们一同来寻找调节情绪的办法。

四　克服冬季心理“着凉”的方法

怎么克服这些讨厌的症状，让我们在冬季也能保持良好的情绪呢？

服用抗抑郁药物当然是一个办法，却不是唯一的办法。既然光照减少是罪魁祸首，那么反过来，增加光照就成为治疗季节性情绪失调的妙方。可以通过以下原理来解释：前文提到的褪黑素能够抑制抑郁情绪的产生，由于褪黑素会随着光照的时间、强度等的变化产生变化，因此额外地增加一些光照可以通过对褪黑素的调节而改善抑郁情绪。事实上，光照治疗作为一种无创性的物理治疗手段，有效、方便、安全，不良反应较少，可作为药物治疗的有效补充，改善患者的抑郁情绪。光照治疗已经出现在国外指南中作为推荐的有效治疗方法之一，尤其针对季节性抑郁具有良好的疗效。在国内，光照治疗尚处于起步阶段，亟待深入研究。

在冬季，季节性抑郁比较常见的症状之一是睡眠质量较差。有报道指出，如果保证每天 1.5～2 小时的户外阳光照射，人体就能恢复正常睡眠，从而也能使人体的疲劳感得到好转。

研究发现，坚持每天早晨接受 30 分钟、强度为 1 万勒克斯的特定光线(其明亮程度相当于晴朗的夏季白天的亮度)照射，就会让患者的情绪走上正轨，使其错误的生理周期逐渐恢复正常。不过，由于不同的人生理周期有差异，因此选择光照治疗的时间会各不相同。如果你是个早睡者，那么在清晨接受光照治疗的时间就会提前；而如果你是个“夜猫子”，显然光照治疗的最佳时间就该往后推。推荐效果较好的光照治疗方案：在早上 6～10 点，或者下午增加一次，每日 1～2 小时，持续 2～4 周。

光照治疗并不是让患者对着光源看，只要能让人眼感受到环境中的合适亮度就可以了。科学家甚至专门设计出了符合亮度要求的光源盒，在季节性抑郁障碍患者吃早餐或读早报的时间，就可以用这个装置照射治疗，坐在椅子上工作的时候当然也同样有效。为了充分利用时间，有患者把光源盒安装在她跑步机旁边的墙壁上，这样她在进行晨练的时候，就同时进行了光照治疗。

在阴沉的冬季,试试把抑郁 Hold(控制)住吧,那我们就可以如春季一样朝气蓬勃啦!

五 光照治疗的不良反应

光照治疗的不良反应常为眼睛疲劳、头痛、失眠和紧张感等,其与光照治疗刺激相关激素分泌等机制存在联系。同时,对光照治疗的不良反应与药物治疗的不良反应对比发现,光照治疗的不良反应较为温和。

同时,光照治疗中使用的 LED 光源也可能对人体产生蓝光危害。蓝光危害主要是指由波长介于 400～500 nm 的光照射后引起的光化学作用,具有导致视网膜损伤的潜能,以波长 435～440 nm 附近的蓝光危害最为严重。如果照射时间超过 10 秒,这种损害就能够达到光照损害的标准,且是热辐射损害的数倍。因此,光照治疗中的蓝光危害要引起人们的广泛重视。在实际光照治疗过程中,如果患者有不适感或治疗后出现失眠等,需远离光箱,减少光照治疗时长,也可把每日治疗时间分成 2～3 次。

六 预防冬季心理“着凉”

预防本病的关键是增加日光照射和户外活动。阳光是抑郁障碍的良药。晒晒温暖的阳光,抑郁的心情会随之消失。阳光是极好的天然抗抑郁药物,对于情绪的调节有益。应当认识到季节特别是冬季对人情绪的影响,科学地安排好工作和生活。在冬季多增加户外时间,多接受光照,并适当进行户外体育锻炼、规律作息、改善饮食结构，尽可能避免各种生活应激事件的影响，以预防冬季心理“着凉”的发生。

光环境与人体的生物节律、情绪波动等有着十分密切的关系。光照治疗在对季节性抑郁障碍的治疗中被广泛研究，其中对季节性抑郁障碍已广泛用于临床，使用光照治疗可缓解情绪障碍。研究发现，光照治疗的不良反应小于药物治疗，但使用光照治疗产生的蓝光危害等对眼球的伤害也需要警惕。

（上海交通大学医学院附属精神卫生中心　陈依明）

第七节　健康饮食与情绪

民以食为天。如中医所说的内调外养一样，“吃什么”以及“如何吃”与人们的身心健康关系紧密。对食物的认识决定着对食物的选择，而选择及摄入也决定着我们的身体和心理健康。健康饮食不必过于复杂，虽然某些特定的食物或营养物质已被证明对情绪有好处，但你的整体饮食模式才是最重要的。健康饮食的基石是尽可能食用非加工食品，吃尽可能接近自然的食物会给你的思维方式、外观和感觉带来巨大的不同。但这并不意味着我们需要从饮食中剔除某些种类的食物，正确的做法是从每一类中选择最健康的。

一　食物中的反派

（一）反派1号——脂肪

许多人害怕高脂食物，遵循低脂饮食，认为减少脂肪摄入会有利于他们的健康。

那么事实果真如此吗？

其实，健康的脂肪是健康饮食的重要组成部分。

1. 脂肪大家族

脂肪是一个大家族，脂肪含量高的肉类，其中的饱和脂肪和油炸、烘焙、加工食品中的反式脂肪会提高人体内胆固醇水平。所以，跟肥肉、腌肉偶尔见面就可以了。

适量食用坚果、富含脂肪的鱼类和植物油中的健康不饱和脂肪，既有助于降低胆固醇水平，又可提升我们的整体幸福感和满足感。

划重点：饱和脂肪和反式脂肪会提升胆固醇水平，不饱和脂肪有利于身心健康。

此外，低脂饮食会增加健康的风险，比如引发心脏问题等。著名杂志 *Psychology Today*（《今日心理学》）上的一篇文章指出，含有 ω-3 脂肪酸的饮食能影响大脑与情绪相关的区域。在饮食中加入健康的脂肪可以改善我们的情绪，感觉更快乐。

无论是过低还是过高脂肪含量的饮食，都可能损害人体的健康。

2. 合理使用食用油

人类饮食离不开油，烹调油除了可以增加食物的风味，还是人体必需脂肪酸和维生素 E 的重要来源，并且有助于食物中脂溶性维生素的吸收利用。但是，过多地脂肪摄入会增加慢性疾病发生的风险。

根据《中国居民膳食指南（2016 版）》（下述简称《指南》），科学用油包括少用油和巧用油，即控制烹调油的食用总量每天不超过 30 克，并且搭配多种植物油，尽量少食用动物油等。动物油的饱和脂肪酸比例较高，植物油则以不饱和脂肪酸为主。参考建议如下：

（1）使用带刻度的油壶来控制炒菜用油；选择合理的烹饪

方法，如蒸、煮、炖、拌等，使用煎炸代替油炸。

(2) 经常更换烹调油的种类，食用多种植物油，减少动物油的用量。

(3) 不同植物油又各具特点，如橄榄油、茶油、菜籽油的单不饱和脂肪酸含量较高，玉米油、葵花籽油则富含亚油酸。因此，应经常更换食用油的种类。

(二) 反派2号——鸡蛋

据说鸡蛋的胆固醇含量很高，要少吃，是这样吗？

1. 胆固醇的全身照

首先要正确认识胆固醇。胆固醇有两种类型：低密度脂蛋白胆固醇和高密度脂蛋白胆固醇。

高密度脂蛋白胆固醇被称为有益胆固醇，有助于清除血液中有害胆固醇，从而被身体排出体外。

低密度脂蛋白是有害胆固醇，当它在血液中含量过高时会导致在心脏和大脑的动脉壁上堆积血小板。如果不加以治疗，后续可能发生心脏病、卒中等疾病。

胆固醇的重要作用包括制造细胞的外层膜、产生消化食物的胆汁酸，以及制造维生素 D 和激素。

人体所需的胆固醇都是在肝脏中产生的，而体内多余的胆固醇来自摄入的食物。胆固醇只存在于动物食品中，包括肉、蛋、奶类产品。当血液中胆固醇含量过高时，就会对健康造成危害。

2. 鸡蛋 = 蛋白 + 蛋黄

根据克利夫兰医学中心(Cleveland Clinic)的说法，适量吃鸡蛋，即每周 4～6 个鸡蛋，即使对胆固醇过高的人也适用。研究表明，与完全不吃鸡蛋的人相比，适量吃鸡蛋人的胆固醇水平也不会上升。

关键是要适量吃鸡蛋。《指南》提倡每周蛋类食用量是280～350克，即每周不超过7个。

尽管蛋黄中的胆固醇含量较高，却是蛋类中维生素和矿物质的主要来源，尤其富含磷脂和胆碱，有益于健康。只要不过量摄入，不会影响健康。因此，吃鸡蛋不要丢弃蛋黄。

（三）反派3号——主食

在食物种类多样的当下，越来越多的人选择以蔬菜水果代替主食，认为这样不会给身体造成负担，是这样吗？

《指南》认为，平衡膳食模式的基本原则是多样的食物。谷物是平衡膳食的基础。每天摄入谷薯类食物250～400克，其中全谷物和杂豆类50～150克，薯类50～100克。

以谷类食物为主，是中国人平衡膳食模式的重要特征。谷类食物含有丰富的碳水化合物，是提供人体所需能量的最经济、最重要的食物来源，也是提供B族维生素、矿物质、膳食纤维和蛋白质的重要食物来源，在保障儿童、青少年生长发育、维持人体健康方面发挥着重要作用。

二 “吃什么”对情绪的影响

You are what you eat——吃什么，决定了你是谁。食物影响着我们生活的方方面面，不仅仅是身形体态，还包括睡眠、情绪等心理健康。

1. 饮食对情绪的调控与肠道菌群密不可分

人体的肠道内，寄居着约10万亿个细菌，它们伴随我们的出生和成长。不仅影响我们的消化能力，帮助我们抵御感染、增强免疫力，同时也能调控人的情绪反应，这就是肠道菌群。

（1）肠道菌群对生物体的重要性。科学家利用小鼠进行了一项饮食研究。实验人员将小鼠分为两组，一组饲以正常饮食，另一组喂养高脂饮食。一段时间后，高脂饮食组的小鼠出现抑郁样行为，如认知混乱、刻板行为。为了明确小鼠行为和认知异常的原因，科学家们又进一步实验，他们分离出那些有异常行为的小鼠，将它们体内的肠道菌群移植到另一组小鼠体内，接受移植的小鼠随后也出现了相似的表现。而为了排除移植手术本身的影响，研究人员也移植了正常饮食组的肠道菌群，接受移植的小鼠，没有出现异常的改变。这说明，肠道菌群的改变可以直接影响小鼠的认知和行为。

（2）肠道菌群对个体认知、行为的改变。在人体内部，肠道、肠道菌群和大脑之间通过迷走神经连接沟通，通过这条复杂而隐秘的通路，肠道菌群能够在神经系统中发挥作用，引起人的行为和情绪反应。肠道菌群能够生产一些特殊的细胞因子、激素和神经递质来影响中枢神经系统，菌群产生的一些代谢物也能够对神经系统产生作用，使神经元产生抑制或兴奋，进而调控情绪。换言之，肠道菌群能根据它对食物的喜好，调节你的生理和心理状态。

有时你想吃什么，其实并不一定是“你”想吃，而是你的肠道菌群“想吃”。肠道菌群是你饮食的监督者，你吃什么，它就长成什么样。如果你突然改变自己的饮食习惯，例如决定开始吃素，而肠道菌群得不到来自肉类的蛋白质，它无法习惯，就会开始抗议，向神经系统发送信号，让大脑意识到："不行！我要吃肉！"

而如果你长期忽略它的抗议，肠道菌群就会"起义"：长期不均衡的饮食可能导致肠道菌群失调，引起情感障碍、自闭症等精神问题。缺镁饮食引起肠道菌群的改变，导致神经内分泌失调，引发焦虑、抑郁样行为。正是基于这一点，已有研究将镁补充剂列入抗抑郁药疗效的研究观察中。肠道菌群过度生长与抑郁、焦虑症状密切相关，根除肠道菌群过度生长的问题，能够改善情绪症状。

肠道菌群并不是简单的细菌群落，它甚至可以看作是人体内的另一个器官，需要细心呵护。平衡饮食是保护肠道菌群、维持情绪稳定的重要方法。

2. 对情绪有调节作用的食物

(1) 复合碳水化合物和富含色氨酸的食物。如土豆、全麦食品、糙米、燕麦片、红豆、香蕉、黄豆制品、奶制品、牛肉、紫菜、芝麻、葵花籽等坚果类，这些食物有助于增加脑内的5-羟色胺水平，从而提升情绪，减少情绪的剧烈波动。

(2) 富含ω-3脂肪酸的食物。这类食物能增加EPA、DHA（俗称"脑黄金"）的含量，有助于稳定情绪。ω-3脂肪酸最好的来源是鱼类，如鲑鱼、青鱼等。

(3) 补充B族维生素。缺乏B族维生素如叶酸、B_{12}可诱发抑郁，可以服用复合B族维生素片、柑橘类水果、绿叶菜、豆类、鸡肉和鸡蛋等。

(4) 尽量少食糖类与精炼碳水化合物。甜点、烘焙食物或者快餐（如糊状食物、油炸物）等食物容易产生负性情绪。

三 DASH 饮食和地中海饮食法

DASH 饮食法的英文全称是 dietary approaches to stop hypertension，可以视为“辅助降压饮食法”，目的是在不使用药物的情况下辅助控制或预防高血压。适应人群是高血压和钠摄入量较高的人群。

高血压病是一种心身疾病，长期的精神紧张以及压力环境也会引起血压升高。大量证据表明，饮食对心理健康和身体健康同样重要。健康由所吃的食物决定，不健康的饮食是抑郁和焦虑情绪的危险因素，不良情绪就可能成为血压升高的诱因。研究人员在一项 4 个月的研究中发现，遵循 DASH 饮食并结合有氧运动的受试人员，在大脑功能和降低血压两方面改善了 30%，情绪指数也明显提升，促进了整体的心身健康。

（一）DASH 与血压

成年人的正常血压是收缩压≤120 毫米汞柱，舒张压≤80 毫米汞柱，通常是收缩压高于舒张压。当平静时，收缩压达到 140 毫米汞柱，舒张压达到 90 毫米汞柱被认为患有高血压。

而 DASH 饮食能降低健康人和高血压患者的血压。即使没有减轻体重或限制钠的摄入，采用 DASH 饮食者仍然保持了较低的血压；当限制钠的摄入量时，能进一步降低血压。

（二）食盐在 DASH 中的力量

1. 推荐食盐摄入量

除了标准的 DASH 饮食，还有一种低钠饮食，你可以选择符合健康需求的饮食版本。标准 DASH 饮食：每天摄入约 2.3 克的钠；低钠饮食：每天摄入约 1.5 克的钠。

国内大多数饮食以咸作为基础味。高血压流行病学调查证实，人群的血压水平和高血压的患病率均与食盐的摄入量密切相关。50 岁以上、有家族性高血压、超重和肥胖者，他们的血压对食盐摄入量的变化更为敏感，饮食中的食盐如果增加，发生心脑血管意外的危险性就大大增加。

根据《指南》建议：健康成年人一天食盐(包括酱油和其他食物中的食盐量)的摄入量是不超过 6 克。但 2012 年的调查显示，我国居民每人日平均摄入食盐 10.5 克，远超 DASH 饮食所推荐的食盐摄入量。如果你有高血压的困扰，建议从少放盐做起。

2. 如何减少食盐摄入

首先要自觉纠正因口味过咸而过量添加食盐和酱油的不良习惯，对每天食盐摄入采取总量控制，每餐按量放入菜肴。

一般 20 毫升酱油中含有 3 克食盐，10 克蛋黄酱含 1.5 克食盐，如果菜肴需要用酱油和酱类，应按比例减少食盐用量。

如你是习惯咸味的人，为满足口感的需要，可在烹制菜肴时放少许醋，提高菜肴的鲜香味，帮助自己适应少盐食物。

烹制菜肴时如果加糖会掩盖咸味，所以不能仅凭品尝来判断食盐是否过量，使用量具更准确。此外，还要注意减少酱菜、腌制食品等的摄入。弹指一挥间，盐就可能倒多了，建议配备限盐勺。工具在手，高血压退行。

【注意事项】虽然减少食盐摄入对大多数人有益，但吃得太少也可能是有害的。

(三)DASH 饮食小贴士

1. 调整饮食

DASH 饮食强调食用蔬菜、水果和低脂乳制品,以及适量的全麦食物、鱼、家禽和坚果。因为 DASH 饮食计划中没有固定的食物,你可以通过以下方法来调整你目前的饮食。

(1) 多吃蔬菜和水果。

(2) 用全麦代替精制谷物。

(3) 选择脱脂或低脂乳制品。

(4) 选择合适的瘦肉蛋白,如鱼、家禽和豆类。

(5) 用植物油烹调。

(6) 限制摄入高糖的食物,比如可乐和奶茶等。

(7) 限制摄入饱和脂肪含量高的食物,如肥肉、全脂乳制品和动物油等。

(8) 除了新鲜果汁的量外,建议坚持饮用低热量的饮料,如水、茶和咖啡。

2. DASH 对其他健康方面的影响

(1) 降低癌症风险。最近的一项研究表明,遵循 DASH 饮食的人患某些癌症的风险较低,包括结直肠癌和乳腺癌。

(2) 降低代谢综合征的风险。一些研究指出,DASH 饮食可以降低高达 81%的代谢综合征风险,如降低患 2 型糖尿病的风险。

(3) 降低心脏病风险。最近一项对女性的研究中发现,遵循 DASH 饮食可以降低 20%的心脏病和 29%的卒中风险。原因可能是饮食中富含水果和蔬菜。

四 地中海饮食

地中海饮食是指有利于健康的简单、清淡以及富含营养的饮食。这种特殊的饮食结构强调多吃蔬菜、水果、鱼、海鲜、豆类、坚果类食物，其次才是谷类，并且烹饪时要用植物油（含不饱和脂肪酸，提倡用橄榄油）来代替动物油（含饱和脂肪酸）。地中海饮食是以自然食物为基础，包括橄榄油、蔬菜、水果、鱼、海鲜、豆类，加上适量的红酒和大蒜，再辅以独特调料的烹饪方式，是一种特殊的饮食方式。

经常摄入饱和脂肪和精制糖会增加体内的炎症，产生胰岛素抵抗，并增加患慢性疾病的风险。有研究报告指出，与健康人群比较，患有多种慢性疾病者患抑郁症和焦虑症的风险更高。疾病造成的生理压力会对人体的免疫系统、肠道健康和大脑功能产生负面影响。由于地中海饮食中饱和脂肪含量较低，降低了患心血管疾病、糖尿病等疾病的风险。地中海饮食中的许多食物都具有抗炎特性，富含抗氧化剂（如 ω-3 脂肪酸）。研究表明，较低的 ω-3 脂肪酸可能会增加患抑郁症的风险。我们可以从以下几方面来借鉴地中海饮食。

（1）改善饮食结构：多吃蔬菜、粗粮、谷物、豆类、坚果等，选择鱼肉、禽肉，减少猪肉、牛肉等“红肉”的摄入。

（2）避免过度加工：主要食用新鲜的、当季当地产的食物，简单烹饪，保留食材自然、纯正的风味。

（3）调整能量占比：传统的饮食方式以米、面等食物作为主食，能量以碳水化合物为主；而地中海饮食中，脂肪提供能量占膳食总能量比值在 25%～35%，且其中大部分属于健康的不饱和脂肪。不饱和脂肪的主要来源是橄榄油、油菜籽油，或者脂肪含量较多的鱼、鱼油。

(4) 选择佐餐食物。每天食用适量酸奶、奶酪等发酵乳制品，提供钙质、蛋白质的同时，这些发酵品中的益生菌对改善肠道菌群也有着积极作用。餐后食用一些新鲜水果，用餐时佐以少量葡萄酒，也是地中海饮食的特别之处。

(5) 减少摄入糖分和不健康的脂肪。少吃甜食，如甜点、奶茶、可乐等，包括果汁和其他含糖饮料；少吃油炸食品；少吃猪肉、牛肉、羊肉等“红肉”。因为这些食物的脂肪含量较高，而动物脂肪中存在饱和脂肪酸，通常也富含胆固醇，摄入过多可能导致血胆固醇增高，增加罹患冠心病的风险。

(上海德济医院　刘晔，王杏梓，吴志国)

第八节 动起来，甩掉“情绪垃圾”

众所周知，规律的运动可有效改善健康状况以及提高身体机能，具有改善肌肉骨骼健康，降低罹患心血管疾病、肥胖症、卒中和癌症的风险等作用。同时，规律的运动亦可有效改善我们的负面情绪。

一 运动是改善情绪的小助手

神经科学研究表明，运动可以通过改变大脑的化学成分从而带来愉悦的感觉。适当强度和时间的运动后，大脑会分泌内啡肽以及多巴胺，这些物质是让我们心绪平静以及快乐的帮手。它们可以有效调节心理状态，让我们感到愉悦和满足。在我们处于紧张焦虑、易怒、抑郁情绪中时，体内的血清素及去甲肾上腺素这两种物质水平会下降；而规律运动可提高大脑中两者的含量，促进血液循环、增强机体氧运输能力、提高专注力，可带来更多愉悦感和幸福感，使我们感到精力充沛。在我们面对应急源及压力环境时，体内的压力激素（皮质醇）会升高，而中低强度的运动可以降低体内的激素水平，促进新陈代谢，驱散笼罩着我们的情绪“阴云”。

运动时身体处于高能量、高专注力以及高警觉的状态。在运动结束后，身体需要休息得以恢复状态，所以更容易感受到困倦及睡意，同时可以延长睡眠时间和提高睡眠质量。更佳的睡眠状态体验可以使得负面情绪得到舒缓。

长期处于负面情绪中时，注意力、记忆力等认知功能会有一定程度的下降。长时间规律的运动可以起到兴奋大脑神经细胞的作用，同时增强大脑中负责感情与记忆脑区海马体的功能，从而提高学习能力并减缓认知功能退化的过程。

在对抗抑郁和焦虑等情绪问题中，团队运动的帮助是最大的。参与诸如球类运动等团体性的运动时，训练中的互相配合、互相激励可以增进社会交往能力，提高人际沟通技巧。团体运动可以让我们融入集体，带来归属感和集体荣誉感，来自大家的鼓励和支持会带动我们摆脱不良的情绪，提供积极的心理支持，同时也可以提高自我评价，增加自信及自豪感。

二　情绪的“最佳运动模式”

1. 相关指标

（1）运动心率：一般来说，运动时的心率保持在最大心率(220－年龄)的60%～85%最佳。

（2）运动时间：最佳持续时间为45～60分钟。少于45分钟效果较弱，而超过60分钟的运动不仅不能使情绪变得更好，反而容易增加全身肌肉及内脏器官的负担。当然并不是一开始运动时就要遵循最佳运动时间，这是一个循序渐进的过程。直接进入高强度锻炼会使我们觉得难以坚持，甚至出现肌肉拉伤的情况。

（3）运动频率：每周 3～5 次的运动频率最佳。

【注意事项】如果你有心血管系统、呼吸系统、肌肉和骨关节等相关疾病，需要咨询一下相关的医生。

2. 形式

（1）团队运动：对改善焦虑及抑郁情绪帮助最大的运动。羽毛球及乒乓球等球类运动的总体运动量相对不大，但运动时需要全身肌肉协调一体，因此在促进全身血液循环的同时，可以锻炼大脑反应速度及眼手协调能力。在进行球类团体运动前应注重热身，充分活动包括肩颈、腰部及腕部等身体各部分关节，避免在运动中出现肌肉拉伤。

（2）骑单车：一种周期性的有氧运动，在充分锻炼下肢肌肉的同时，能够提高双侧大脑的神经活性、增强心肺功能及全身耐力。建议骑行速度从慢速起步，逐渐增加至中速并保持直至运动结束。尽量避免在高速度下持续骑行，避免肌肉中乳酸堆积，出现横纹肌溶解等并发症。将骑单车的地点放到室外，可以增添更多愉悦感和幸福感。因为在骑行过程中，我们既可以呼吸新鲜空气，又能观赏沿途优美风景。

（3）有氧健身操：有别于广播体操，它是一种将标准健身操和流行舞蹈相结合、富有趣味性的运动方式，具有低强度、节奏性、持续时间较长等特点，有锻炼全身肌肉和改善情绪的作用。如果在有氧健身操结束后感到肌肉酸痛，可适当降低运动强度和减少运动时间，避免给身体带来额外的负担。

（4）跑步：开始跑步前请准备选择一双柔软并有弹性的跑鞋，为保护我们膝盖部分软组织做准备。通过规律强度的跑步，可以提高肌力以及体内的基础代谢水平，提升脑部及内脏机能，使身心放松。一般来说，宁静的清晨和静谧的傍晚是进行跑步的最佳时间段。跑步时需注意将身体重心趋向前方，这样可以有效防止出现动作变形，全程保持良好的姿势。在跑步结束之后，记得进行腿部和腰部的肌肉拉伸。如果之前没有任何跑步的基础，可以从每周进行 2～3 次，每次 10～15 分钟开始；之后随着身体机能的提高逐渐增加强度和频率。

(5) 瑜伽：一种源于古印度的锻炼方式，它将身体姿势、呼吸控制及冥想结合为一体。在我们感受到心理压力时，瑜伽可以起到舒缓肌肉紧张、放松心情等辅助作用。瑜伽可适度降低心率、呼吸频率，让过度紧张的肌肉及脑部神经得到镇静，从而减轻焦虑，使身心得到良好放松。

(6) 太极：一种身心结合的运动，它将身形定格及缓慢的移动与呼吸放松相结合。太极运动的场所不受限制，也无须器械准备。在打太极过程中，通过反复的移动身体重心使全身肌肉得到锻炼，同时打太极还可以增强人体的平衡力、力量和灵活性。通过保持节律稳定的呼吸以及流畅但缓慢地完成动作，我们的心情得以平静及舒缓。

三　实施运动的小建议

1. 热身及拉伸

开始运动前，热身活动是必不可少的关键环节。通过一些简单的运动让全身各关节以及肌肉“苏醒”，身体的柔韧性得到提高，全身温度得以上升，为接下来的运动做好充足的准备。热身不仅可以避免在运动中出现受伤的情况，还能让接下来的运动更加轻松。热身运动一般控制在 5～10 分钟，以身体微微出汗为宜。

运动前后的拉伸运动也十分重要。拉伸运动可以避免运动时肌肉产生的乳酸堆积，缓解运动后产生的肌肉酸痛以及疲劳感；同时可以增强身体的柔韧性以及协调性。拉伸运动分为动态拉伸和静态拉伸两种形式。静态拉伸是指将肌肉拉伸至最大限度并保持 15 秒以上静止的拉伸方法，而动态拉伸则是相对更有运动针对性的功能性拉伸练习。可以通过所选择的运动类型选择合适的拉伸练习，以达到增强身体素质、加强肌肉力量、预防肌肉损伤的目的。

2. 适合自己的才是最好的

如果你已经有一个长期坚持并喜欢的运动类型，可以之前推荐的最佳运动时间及频率调整已有运动模式，以增加情绪改善的效果。建议选择符合自己工作习惯以及生活作息的运动，尽量将运动安排在固定的时间，这样有助于长期坚持并执行运动计划。

如果觉得单纯专注于运动难以坚持，可以尝试在跑步的同时听自己喜欢的音乐，也可以边看喜欢的电视边运动。不同年龄段适合不同的运动，根据自己的身体状况选择合适的运动类型。如果膝盖负担过重，可以选择一些活动强度较小的运动，比如太极或者步速稍快的走路。总之，适合自己的才是最好的。选择自己喜欢并觉得舒适的运动类型，只要动起来并坚持下去，就有助于改善我们的情绪“阴云”。

3. 正确看待运动的作用

在负面情绪很强烈的时候，很多人喜欢将高强度的运动作为一种宣泄情绪的方式。但其实在这种情况下的运动不仅不能有效缓解负面情绪，反而会导致情绪更加剧烈的波动，起到相反的作用。尽量不要选择包括搏击及摔跤在内的竞技体育运动。

因为在竞技体育运动中逐渐叠加，挫败感以及压抑感不仅会为心理加压，而且会增加运动中受伤的概率。将运动作为宣泄方式的想法有可能会让我们更加抵触及厌恶运动。我们可以列出每周运动计划（见表3-8-1），有计划、有选择地进行运动。

表3-8-1　七日运动计划

	周一	周二	周三	周四	周五	周六	周日
时间（分钟）							
类型							
是否完成							

本周我计划的运动总时间＿＿＿＿＿＿。

本周我计划的运动频次＿＿＿＿＿＿。

本周我实际的运动总时间＿＿＿＿＿＿。

本周我实际的运动频次＿＿＿＿＿＿。

（上海交通大学医学院附属精神卫生中心　黄海婧）

第九节　打造井然有序的规律生活

当你阅读到这本书时，你或你的家人是否正在被下面的问题所困扰？整天觉得很累、做什么都提不起兴趣，就连最基本的吃饭睡觉都出现了问题？或者心烦气躁，做事虎头蛇尾，忙忙碌碌停不下来，整夜不睡，脑子里想法如云？以上种种问题打乱了你的正常生活，带给你和你的家庭巨大的困扰。

一　生活流程是什么

我们每天都会习惯性去做的一些事情叫作“生活流程”。通过科学的结构化的生活流程，打造“一个井然有序的规律生活”，可以帮助你对生活更有掌控感，从而改善情绪症状。只有在建立了科学结构化的日常活动程序后，才能开始对你的认知过程进行强化训练，有助于重建社会参与度，最终改善情绪症状。

二　如何制订规律的生活流程

你有没有想过如何执行你的生活流程呢？你的家人可以帮

助你吗？试着找一个能够督促你的人和你一起完成，这样就会发现其实并没有你所想象的那么困难。

那么，应该怎样打造“井然有序的规律生活”呢？下面的几个简单有效的方法，可供参考。

1. 做好计划和安排

你可能常常由于注意力、思考能力受到疾病的影响，很难去解决一些较难或复杂的问题，在学习、工作中遇到困难，因此带来的挫折感也容易导致进一步的焦虑或抑郁。通过列出一天的生活计划，包括足够的睡眠，充足的营养、锻炼、放松以及资源的利用，我们制订的任务一定要与自己的能力水平相称。你可以尝试着把任务分解成更小、更容易管理的部分，逐步完成，实施起来将更加得心应手，这可以增强你的信心。你也可以结合自己预定的目标时间来实施，这将更有效地帮助你执行规律的生活。

2. 规律作息，保证睡眠

给自己定下一个起床和上床的目标时间，并认真按照这个目标执行。睡觉前避免喝兴奋类饮料，避免剧烈运动，避免在太饱或太饿的时候上床，放松身心，给自己营造一个舒适的睡眠环境，包括适宜的光线、温度和湿度，让大脑逐渐安静下来，进入准备睡觉的状态。特别需要注意的是，无论多晚入睡，请你每天在目标时间内起床，保持你生物钟的同步性。中午适当的小憩也可以帮助你除困解乏、恢复精力。良好的睡眠是轻松生活的保障。

3. 规律三餐，定时定量

抑郁症患者可能会出现食欲减退或增加，而一日三餐是我们精力和体力的重要来源。规律三餐带来诸多健康获益，可以通过降低皮质醇水平改善免疫系统功能，还可降低焦虑水平、对抗失眠、改善生活质量等。每天定量进食，营养均衡是你轻松生活的基础。

4. 规律锻炼，适当运动

进行身体锻炼可显著改善抑郁症状，让你身心放松、缓解紧张、增加睡眠、补充能量。每天进行 20～30 分钟适当的运动，包括散步、游泳或骑行，坚持下去，并让它成为生活中的一部分。理想的运动时间是下午晚些时候或傍晚早些时候，此时锻炼可以缓解白天的压力，改善睡眠。

5. 建立人际交往

抑郁症患者通常会出现人际交往减少、被动懒散。然而，建立一定的人际沟通模式是你从抑郁情绪中走出来的重要途径，也是达到社会康复的重要标准。建议你尝试与亲朋好友、同事建立联系，主动（哪怕是被动）地邀请他们做一些能做或者需要做的事情，比如聚会、出游、集体运动、逛街等。哪怕是陌生人，尝试与人接触，说说话；如到菜市场、超市买一些东西，与工作人员进行必要的沟通和交流。从简单的日常人际交往逐渐向你生病前的人际交往状态努力。

6. 学会放松的方法

生活很累，压力很大，要学会放松自己。比如：睡前花 10～20 分钟给自己来一套肌肉放松训练；或者通过冥想练习，把内心从纷杂的拉扯中解脱出来；尊重身体的感受、练习放松、减轻压力。生活是松弛有度、互相调节的，给自己留一点时间，安静地听听歌、与他人聊聊天，这些都能够起到很好的调节作用，让你感到轻松愉快。

7. 适时调整光照

抑郁症与生物节律紊乱有关。白天，尤其是清晨接受一定的阳光照射有助于恢复生物节律，助你日渐精力的恢复。夜间，尤其是晚上 8 点以后，尽可能减少光照，有助于减少光照对褪黑素分泌的抑制，使你有一个甜美的睡眠。

8. 限制面对屏幕时间

研究表明，与电子产品相处时间越久，越容易出现焦虑和抑郁。因此，要减少面对电视、电脑、手机、游戏设备的时间；可以找一些替代，如手工劳作、绘画、音乐等，找到自己感兴趣的点，这些也可以成为快乐的来源。

9. 限制酒精、烟草、毒品等的使用

研究发现，抑郁症患者使用精神活性物质（如烟草、酒精和毒品等）的情况比一般人要普遍。正所谓"借酒浇愁，愁更愁"，精神活性物质的使用并不会真正改变你的状态。甚至，有些活性物质会诱发一些心血管疾病、精神病性症状等。当然，部分精神活性物质在某种情况下也属于药品，但必须在医生监护下使用。

10. 做好日常监测，及时预警

你需要对自己的日常活动做一些检测和评估。现在有很多手机 APP 可以帮助你管理和评估你的生活。我们也可以对白天的经历进行反思、分析和总结，想想哪些地方可以改进，整理一下情绪，给每天的情绪打分，记录你专属的情绪日记。给情绪清零，尽量避免把情绪带到第二天。如果监测到自己的生活出现了一些状况，建议及时去医院就诊。

三 如何有效执行

1. 手机 APP 和《社会节奏五项量表》

现在有很多帮助你计划白天和夜间流程的 APP，比如很多人推荐的 Waking Up APP。它会帮你更快速、高效地养成一个又一个的习惯，每天清楚自己要做哪些事情。这将会提高你的生活质量，改善你的情绪。我们推荐通过《社会节奏五项量表》来记录你的日常生活。首先写下你希望每天活动的目标时间，同时记录下你每天 5 个以下日常活动的实际时间，包括：起床，开始想要见人，开始工作、学习或履行其他日常职责如看孩子和做家务，吃晚饭和上床睡觉的时间；并每天为你的心情打分（从 -5 到 5）：-5 代表非常沮丧，0 代表正常，5 代表非常高兴；记录下一起参与活动的人：0 代表独自一人，1 代表有其他人在场，2 代表积极参与了活动，3 代表能积极影响其他人。通过每天填写量表，找到其中的变化趋势，会就发现你的问题所在，并逐渐向目标时间靠拢，这样就可以打造一个越来越规律的生活啦。

2. 执行意向训练

如何真正做到把一件你认为很困难的事变得不那么艰难，最好的方式就是执行意向训练。举个例子，你是一个想要开始新锻炼习惯的人，结果发现自己在等一个完美的时机才去健身。但往往那个时刻不曾到来，大多数人压根不会每时每刻充满动力。不过当你写下确切的时间和地点时，一切都改变了，你不需要等待一个有动力的时刻，因为你已经下了一个约定。实际上很多研究表明，比起健身，穿鞋踏出房门需要更多意志力才能做到。那么事先做好决定，你就帮自己节省了意志力。对于想要坚持目标生活流程的你来说，我希望你能运用此项方法。写下你的执行力，知道自己想要做成的事情，以及将要去做的时间和地点。配合《社会节奏五项量表》会使你更容易执行。

3. 将目标变小

你可能会觉得做这些很困难。在你想做一件事的时候，你可以适当降低难度，如果你每天只想做 5～6 分钟的运动，你当然可以寻找一个最适合自己的，可以从简单的、容易的做起，如 5 分钟就行。因为大部分时候我们不止做了 5 分钟。当准备出去锻炼的时候，设置好时间，你往往会持续地更久一点。还有一件事情很重要，让自我意向的执行尽可能合情合理。如果你有大任务，比如完成论文，那么将任务分解成可能达成的一个个小目标。举个例子：我要明天下午 5 点在图书馆完成论文，更有效的方法是写下：我将在明天下午 5 点去图书馆写出论文的头两段。任务越不复杂、越容易完成，你就越不容易拖延。

以上打造规律生活的小贴士你学会了吗？开始实施的时候可能会遇到一些困难，一旦建立了相当有规律的生活流程时，你会发现生活将有一个明显的变化，你在逐渐向目标时间靠拢。可能你会觉得按照目标时间来执行太困难了，因为我也有这种感觉。那么我的经验是执行意向训练，将目标变小，可以有效地帮助到你，同时配合适合你的 APP 会让你事半功倍。你需要做的是在接下来的时间反复加强练习，让我们一起行动起来吧。

（上海交通大学医学院附属精神卫生中心　徐初琛）

第十节　健康睡眠与情绪

刚睡醒时，有些人也会有很大的脾气，俗称“起床气”，这可能是由于人的生理节律产生的。血压监测发现，在早晨醒来时，血压会升高，心率明显加速，还可能出现心律不齐。除了血压和心率反应，刚睡醒时，外周神经系统也处于高度活跃状态。这些生理信号特征与愤怒、抑郁等负性情绪相似，因而人可能会有易怒、抑郁等主观感受，甚至带有一定的攻击性。所以起床后，可以伸几个懒腰、做几次深呼吸，调节身体的状态，来帮助自己赶走起床气，开启心情愉悦的一天！

一　健康睡眠卫生知识

睡眠卫生是指被认为可以改善睡眠数量和质量的行为。目前公认的健康睡眠卫生知识主要有以下几点。

(1) 减少卧床时间。我们都知道当天没睡好觉的很多人都会尝试在第二天尽可能多躺在床上，以保持精神焕发和健康；但研究结果恰恰相反，减少在床上的时间反而能够巩固睡眠。

（2）每天保持一致的就寝时间、起床时间。每天晚上规律的就寝时间和早上规律的唤醒时间会增强昼夜节律，并使睡眠时间规律。

（3）锻炼身体。从长远来看，每天稳定的运动量可能会加深睡眠。

（4）消除卧室噪音。即使是那些由于噪音没有醒并且早上不记得的人，偶尔大的噪音也会干扰睡眠。

（5）调节室内温度（26℃左右）。人在舒适的温度下更容易入睡，有研究表明过分温暖的房间会干扰睡眠。

（6）睡前吃零食。饥饿可能会干扰睡眠，睡前吃些零食（特别是温牛奶或类似饮料）可以帮助入睡。

（7）限制安眠药的使用。偶尔服用安眠药可能有一定益处，但是长期使用安眠药可能无效，并且对某些失眠症有害。

（8）避免喝咖啡和饮酒。晚上摄入咖啡因会扰乱睡眠；酒精虽然有助于紧张的人快速入睡，但随后的睡眠却支离破碎。

（9）切勿试图入睡。睡不着时，不要一直辗转反侧，打开灯并做一些其他事情。走走、泡个脚，可以帮助因情绪问题无法入睡感到紧张的人，而不是一味地尝试入睡。

（10）仅将卧室作为睡眠使用。卧室应该只作为睡眠使用，如果在卧室里做其他事情则会干扰睡眠。

（11）限制液体摄入。睡前不要摄入过多的水分，以免在睡眠过程中由于多次上厕所而影响睡眠。

二　常见的睡眠认知问题

在社会生活中，不是每个人都对睡眠有着正确、科学、全面的认知，下面我们来看看常见的睡眠认知误区。

（1）“人必须睡够 8 小时”。并不是每个人都必须要睡足 8 小时的，有的人每晚只需要睡 4～6 小时，有的人则每天都需要睡上 10 个小时。不要因为每天没有睡足 8 个小时而感到焦虑，只要你的睡眠能够保证精力充沛即可。因为同一个人在不同的年龄阶段，需要的睡眠时间也是不同的。

（2）“失眠一定不好”或者“失眠后精神状态一定不好”。失眠本身给大家带来的感受并不好，但担心失眠以及担心失眠带来的后果则更不好。偶尔的失眠并没有什么关系，如果睡不着的话，可以起来看看书、泡个脚，等有了睡意再上床不失为一个好办法。

（3）“早睡早起身体好”。睡眠的类型千千万，有夜猫子，也有早起的鸟儿，更有介于两者之间者，并不是说每天早睡早起就好，有些人适合早睡早起，有些人适合晚睡晚起，找到适合自己的才是最好。同一个人在不同的年龄阶段，可能睡眠习惯都不同，给身体一个规律的作息时间，才是最重要的。

（4）“多梦就是睡眠差”。并不是，一个完整健康的睡眠由 5 个部分组成：入睡期、浅睡期、熟睡期、深睡期、快速动眼期（产生梦的阶段），入睡后会经历 4～6 个这样的循环周期，通常一个周期为 1.5 小时。而在快速动眼期被叫醒的人，会说自己做梦了。所以说，梦是一个完整的睡眠组成部分，但是如果梦太多也是不健康的。不健康的睡眠主要有浅睡眠过多、深睡眠过多、梦过多、呼吸障碍、入睡时间太长等。

（5）“睡眠时打呼噜没关系”。美国的心肺和血液研究所表示：由呼吸暂停引起的响亮鼾声是睡眠呼吸暂停的标志。这是非常危险的，会增加患心脏病、心房颤动、哮喘、高血压、糖尿病以及认知和行为障碍的风险。

(6)“躺在床上看电视可以帮助入睡”。实际并非如此,电视、电脑设备会发射出蓝光,而蓝光会让大脑变得活跃,由于蓝光对褪黑素释放的影响比任何波长的光都大,睡前2小时内看电视或者使用电子设备则意味着需要更长的入睡时间,并且也会较少快速动眼期的时间,所以睡前尽量避免被电视、电脑、手机等设备的蓝光干扰。

(7)“回笼觉是有益的”。快醒来时,人的身体或正接近最后一个快速动眼期的终点,睡回笼觉则会让你进入一个新的快速动眼期;而当几分钟后闹钟响起,人将处于快速动眼期的中间而非尾声,此时醒来则会感到昏昏沉沉、难以清醒。

三 睡眠限制疗法

睡眠限制疗法是失眠认知行为治疗的组成内容之一,其适用于一般的失眠患者,是可以独立应用于失眠治疗的行为方法,也可以配合药物治疗或者物理治疗同时进行。简要概括为患者将会被限制“在床时间”(一般为6小时),并且需要遵守至少2~4周的时间。目的是将在床上的时间尽可能地限制接近实际睡眠时间,改变患者对失眠的预期,从而增加睡眠的连续性,提高睡眠效率(入睡时间与卧床时间的比例)。在进行睡眠限制疗法时,患者应坚持记睡眠日记,一旦达到良好的睡眠效率(>85%),可以逐渐延长卧床时间(每周15分钟),直到每晚获得7~9小时的最佳睡眠时间。睡眠限制疗法的具体做法如下。

(1)养成记录睡眠日记的良好习惯。即每天记录当晚的上床时间、起床时间、实际睡眠时间、上厕所次数、觉醒次数、上床至第一次睡着时间以及其他可能影响睡眠的因素，然后计算出当晚的平均在床时间（起床时间－上床时间）、睡眠时间（实际睡着时间）、睡眠效率（睡眠时间/在床时间×100%）等关键数据。

(2) 调整床上时间，避免醒后赖床。调整睡眠习惯，通过减少在床上的时间来提高睡眠效率，失眠者应该避免早上醒来后赖床。

(3) 制订计划，计算在床时间。根据自己的睡眠日记、实际情况大概制订睡眠计划，并根据实际的睡眠时间和理想的睡眠效率（90%）来计算出合理的在床时间。值得注意的是在床时间不得低于 4 小时。每天必须同一时间起床，且在白天不要打盹和午休。

(4) 根据自身实际情况，再次调整上床时间。经过 1 周的行为治疗后，如果平均每晚的睡眠效率＞90%，则下周可提早 15～30 分钟上床，如果睡眠效率介于 80%～90%之间，则维持原来的上床时间；如果睡眠效率低于 80%，则下周上床时间推迟 15～30 分钟。以此类推，不断调整。

(5) 维持良好的睡眠习惯。通过周期性的调整上床时间和起床时间，直到达到自己认为足够的睡眠时间为止。之后则严格执行上床及起床时间，养成良好的睡眠习惯，维持睡眠规律性。

四　常用助眠药物常识介绍

睡眠药物的种类由许多，主要可分为苯二氮䓬类药物、非苯二氮䓬类药物以及其他药物。

(1) 苯二氮䓬类药物，也就是我们常说的安眠药，包括艾司唑仑、阿普唑仑、地西泮、劳拉西泮、氯硝西泮等。特点是起效通常较快，缩短入睡时间的同时也可改善主观睡眠质量，但对总睡眠时长的影响不大。不良反应包括头昏乏力、疲劳思睡、呼吸抑制、低血压等，长期使用可出现认知损害、耐受及依赖，骤停还可能引起原有症状的反跳甚至恶化。一般建议此类药物连续使用不宜超过 4 周，且需逐步减停。

（2）非苯二氮䓬类药物：包括唑吡坦、扎来普隆、佐匹克隆及右佐匹克隆，此类药物优点是起效快代谢也快，较少产生日间困倦，药物依赖较传统镇静催眠药降低。目前应用相当广泛，但同样存在嗜睡、幻觉等潜在不良反应。

（3）其他：包括曲唑酮、奥氮平、喹硫平、米氮片、多塞平及褪黑素类等，都有部分助眠作用。

睡眠与情绪有密不可分的关系。睡眠不好会引起烦躁，脾气暴躁，加重心理压力，即使是部分睡眠受到干扰对情绪上的影响也是显著的，持续的睡眠障碍会引起一系列心理问题，如焦虑、抑郁。睡眠影响情绪，情绪和心理状态同样也会影响睡眠。焦虑的增加会使得我们更加难以入睡，而抑郁也可能会减少深层睡眠变得容易惊醒。整夜的辗转反侧后，迷迷糊糊醒来，觉得整个人情绪低落，还有些暴躁。因此，一夜好眠带来好心情，所谓睡得好，心情好！

（温州市第七人民医院　姜德国）

第四章

情绪调节的特殊方法

第一节　色彩与情绪

第二节　音乐是生活中最美好的一面

第三节　抒情惬意田园风

第四节　园艺疗法与抑郁症康复

第五节　芳香疗法的应用

第六节　让心灵在身体中栖息

第一节　色彩与情绪

食物的颜色会影响我们的食欲，衣服的颜色会影响我们的社交魅力，房间的颜色会影响我们的心情，商场的主体色会影响我们的消费观。我们在日常生活中不可避免地受到色彩给予的心理暗示。自然万物都有自身的颜色。当颜色发生变化时，人们的心理情绪也会发生相应的变化。色彩不仅影响我们的情绪，也彰显我们的性格，它既能影响我们的学习和工作，也暗自支配我们的选择。

一　常见色彩及其象征含义

色彩，所谓“色”是指人对进入眼睛并传至大脑的光所产生的感觉；“彩”则指多个“色”的意思，是人对光变化的理解。在大部分领域中“色彩”即“颜色”。一般常将色彩（颜色）分为彩色系和非彩色系。彩色系指红、橙、黄、绿、蓝、靛、紫一类，有色相、饱和度、明亮度三个属性。而非彩色系只有明亮度一个属性，由黑、白及二者的混合灰色组成。

彩色系包括基本三原色：蓝、绿、红。蓝色一般代表着广阔、深沉、冰冷、清新、理性、忧郁等；绿色象征着生命、新鲜、舒适、防护、英明、成熟、嫉妒等；红色能传达出生机、活力、热情、愤怒、危险等含义。通过对三原色进行不同比例的混合，可产生其他缤纷的色彩，如：黄色象征欢乐、尊贵、优雅、明亮等(见图 4－1－1)。

图 4－1－1　彩色系

非彩色系含义广泛。白色一般代表无暇、圣洁、端庄、卫生、单调、理智等；黑色则代表深邃、严肃、寂静、恐怖、悲哀、空虚等。

根据色彩给人的心理感觉，可以把色彩分为暖色、中色和冷色系，分别为红、黄、橙、粉红色；白、黑、灰色；蓝、绿、紫色等。

色彩无处不在，它通过各种方式直接或间接地影响我们的情绪。

二　色彩与心境

自古以来，人们便自然而然地将色彩与心境联系在一起，这在文学作品中可见一斑。

比如，愉悦时眼中所见：

两个黄鹂鸣翠柳，一行白鹭上青天
窗含西岭千秋雪，门泊东吴万里船
——《绝句》【唐】杜甫

再如，勉励友人时胸中所感：

荷尽已无擎雨盖，菊残犹有傲霜枝
一年好景君须记，正是橙黄橘绿时
——《赠刘景文》【宋】苏轼

随着科学的发展，色彩与情绪的联系也越来越多地为人类所知。研究发现，色彩确实能影响人的心情，色彩的饱和度、明亮度与情绪的兴奋有关。色相对情绪的兴奋作用也从蓝色、绿色，到红色依次增加。饱和度和明亮度更多的色彩能引起更强的情绪生理反应。非彩色系的色彩会导致心率的短期减速，而彩色系会使心率加速。

因此，情绪低落、疲惫时可以让自己处于明亮的色彩中，如去阳光明媚的户外散步，赏公园里暖色调的植物，如红色、黄色、橙色的花，都有一定激励性，使人心理活跃，更具朝气。合理的暖色点缀，如明亮的妆容、衣服、配饰、花束等也可能会在潜意识里点亮我们的心情。

三　色彩与身体感觉

我们的一些身体指标，如呼吸、脉搏、心率、血压、皮肤出汗量、脑电波等，也会随着我们所看到的颜色而发生改变。

一般来说，暖色系色彩能使人变得兴奋，表现为呼吸变浅加快、脉搏加快、血压升高、皮肤出汗量增加，以及变得容易感到疲惫，脑电图检测可发现脑电波呈现唤醒状态，其中以红色引起的脑电变化最为显著；而冷色系色彩如绿色、蓝色能使人呈现相反的表现，比如呼吸放缓、血压稳定，感觉到轻松、冷静。例如，科学家发现相对于白色或红色环境，人在绿色环境中步行时心率更慢，说明绿色可以使人机体镇静和放松。

类似地，色彩会影响我们对于时间流逝的感觉。如红色等暖色系能使人联想到火、血等异样的场景，带给人的危机感较强，影响我们对于时间的认知，让我们产生一种时间走得慢的焦躁感。

蓝色和绿色是“放松色”的两个代表，蓝色是天空和大海的颜色，绿色是树木的颜色。心情烦躁时欣赏蓝色的天空、翠绿的植被、干净的水流，都可以抚平烦躁、焦虑的情绪，让人变得平静、放松。给卧室涂成蓝色，也是一个有助于放松的很好的选择（见图 4－1－2）。虽然明亮的暖色使人感觉欢快、愉悦，但是过多的暖色则会让心情变得烦躁。

图 4－1－2　放松的蓝

四　色彩对工作、学习的影响

适当的环境色彩能改善人工作和学习的效率。研究发现色彩会影响自我认知。相比于身穿蓝色制服的运动员，着红衣者更容易得胜，推测可能是着红衣者感觉自己能力更强，而着蓝衣者觉得对手比自己更强。

另有研究发现，身处在有红色的环境中能使人在短期内保持较高的紧张感(唤醒状态)，引起我们对工作、学习的注意力；而绿色能使人感觉到幸福、快乐，并在接下来的时间里继续保持当下的注意力。并且，在遭遇压力事件后，相较于观看黑白大自然图片，观看绿色的大自然图片更利于注意力和幸福感恢复。一项研究评估了宿舍颜色偏好(色调和亮度)以及颜色对学习和情绪的影响。结果显示，大学生更喜欢蓝色的室内设计，其次是绿色、紫色、橙色、黄色和红色。作为室内颜色，蓝色较有利于学习活动。

另外，色彩也能通过情感影响我们的记忆。我们知道，鲜艳的色彩(见图 4 - 1 - 3)能使人更加持久、强烈地记住学习的单词；而积极或消极含义的单词能比中性的词更容易被记住。色彩和情绪因素对记忆的影响研究发现，红色强烈地增加了对负面含义单词的记忆，而绿色强烈地增加了对正面含义单词的记忆。

因此，蓝色或绿色的空间也有助于我们沉静下来投入学习状态，如将书房的墙壁刷成蓝色、使用浅蓝或绿色桌椅、挂一幅蓝色的画、添一盆绿植等(见图 4 - 1 - 4)。

图4-1-3　鲜艳的色彩

图4-1-4　蓝色的画

五　色彩与性格、行为

一项关于敌意与红色关联的研究发现，一个人的人际敌意越高，越容易对红色产生偏好；而偏爱红色者可能倾向于做出有敌意的社会决策。红色背景的购物网站更容易诱导享乐性消费，如选择手工皂时更看重它的香味和丰富的泡沫，而忽略其皮肤保护和清洁作用。

当然，色彩对情绪的影响不能一概而论，它受文化、场景等多种因素影响。比如象征着中国的红色，给人的感觉即祥瑞、热忱、团结，而不仅仅只是愤怒或危险；再比如，虽然蓝色跨越性别和文化的界限，被普遍喜爱，但是在临床环境中，患者在蓝色灯光的治疗室可能更容易出现抑郁、愤怒。相比之下，黄光和白光可以帮助患者变得积极、稳定、活跃和专注。因此，房间安装黄色的灯光有助于促进积极的情绪。

（上海交通大学医学院附属精神卫生中心　刘凤菊，杨惟杰）

第二节　音乐是生活中最美好的一面

2020年的魔都笼上了一层新冠的阴霾，生活好像静止了一样，然而每个家庭里却是暗流涌动、焦躁不安的。大街上的行人隐藏在口罩后面是一张张无奈的脸庞，彼此相望的是看不到尽头迷茫的眼。

此时吹来一股南美热风，浓郁摇曳的拉丁曲搭配慵懒不羁的嘻哈，穿着异国情调的夏衫跳着轻快的萨尔莎(Salsa)舞步，一曲《Mojito》让人不自觉的一起摇摆，魔都也跟着苏醒，满血复活。

一　音乐是思维着的声音——雨果

音乐的魅力

音乐是一门神奇的艺术，与心灵相通，于聆听中体验悲与喜。音乐亦是一味良药，消除焦虑，舒缓情绪，激发情感与潜能。早在社会之初，音乐可能就作为一种治疗手段而存在。而今，音乐治疗更是在全球得到广泛实践。

为什么音乐如此有效，会对人的身体和情绪产生作用呢？

1. 旋律有助于调整情绪

合适的旋律符合当下的心境，可以帮助人们宣泄负性情感，使过分强烈的情绪得到宣泄疏导甚至升华（见图 4-2-1）。

图4-2-1　旋　律

2. 节奏有助于调整生物节律

音乐节奏可引起人体组织、细胞的和谐共振现象，起到一种微妙的细胞按摩。强烈的节奏使人产生动感，形成一股动力；和缓的节奏则可以使身心安宁（见图 4-2-2）。

图4-2-2　节　奏

3. 恰当的速度与人的情感运动同步

恰当的音乐速度可以准确表达人的情感，快速的音乐往往表现兴奋、激动、欢快、活泼等情绪；中速的音乐表现平静、安宁、松弛、舒畅等情绪；而慢速的音乐则常表现沉重、恐怖、紧张、回忆等情绪(见图 4－2－3)。

图 4－2－3 速　度

4. 和声给人以舒适完美的感觉

和声是指两个以上的乐音同时发出的声音，这样的声音给人以支持感，可以帮助人找到自己的社会支持系统。和谐的和声给人以舒适完美感，有利于培养优雅、平稳的情绪，使人感到清澈、明亮、平静和安详(见图 4－2－4)。

5. 调式使人获得深刻的情感体验

任何一段音乐都是以调式的形式出现，是围绕着一个主音构成的。调式主要分大调式和小调式，前者充满激情，犹如波澜壮阔的大河；后者轻柔细腻，像平静流淌的小溪。调式能使人获得深刻的情感体验，从而宣泄疏导潜意识心理，陶冶情操，净化心灵。调式中主音的位置叫作乐调，音乐引起的情绪随乐调而

图4-2-4 和 声

异,早在古希腊就已经发现音乐可以通过音调影响人的情绪。E调安定,D调热烈,C调和缓,B调哀怨,A调高扬(见图4-2-5)。

图4-2-5 调 式

由旋律、节奏、和声、速度和调式造成的“振动频率”，引起痛苦中枢或快感中枢的强烈共振而导致放电，人就被感动、悲伤、兴奋、沮丧，同时脑中的很多记忆区被激活。每个人的经验记忆有所不同，于是这个“频律”就被赋予多种意义，这也是音乐会对人的身体和情绪产生作用的关键所在。

二 移风易俗，莫善于乐——孔子

《黄帝内经》两千多年前就提出了“五音疗疾”的理论。繁体字中，音乐的“樂”叫上草字头就成了吃药的“藥”。这说明古人已经意识到了音乐的治疗保健作用。19 世纪初，欧洲一些精神科医师发现，有些病虽然对于种种刺激都没有反应，唯独却对音乐有感受力。20 世纪以后，随着科学的进步，音乐治疗也获得很大发展，不仅局限于音乐的生理学研究，且证实音乐对于精神疾病有疗效作用。有研究发现，音乐可以让阿尔茨海默病患者记忆消失得慢一点，可以使早老性痴呆患者的行为问题和睡眠障碍得到改善。

鼓圈(见图 4 - 2 - 6)，是近年来兴起的一种特殊的团体即兴打击乐演奏形式，没有固定曲谱，无须提前排练，不要求参与者有任何音乐基础，只依靠人们本能的律动去参与、去创造，去近距离感受音乐带来的美好享受。我们通过鼓圈的方式去看到各种可能性，包括长期在生活中被忽略的人、情绪、身体某个部位，通过这个能量圈去反思，发现不一样的自己。在鼓圈的团体中，人们是自由的，我们的个性被看见、放大，让所有人自由地在圈里用各种形式去感受语言之外沟通模式。

通过鼓圈，人们可以舒缓心情，消除紧张疲劳，提升心理能量和积极情绪体验，宣泄心中的压力和负能量（见图 4－2－7）。同时，团体式的鼓圈活动还有助于建立成员间的心理联结，增强人际互动与自我表达能力，不断提高自省能力，加深对自我内心的探索和成长。

图4－2－6　鼓　圈

图4－2－7　宣　泄

三 音乐应当使人类的精神爆发出火花——贝多芬

1. 调节情绪

不同类型和节奏的音乐都有不同的调节情绪作用，比如旋律优美、缓慢、悠扬的音乐可以安定情绪；旋律流畅、节奏明快的音乐可以振奋精神；通过轻松、欢快的音乐使大脑及整个神经功能得到改善，消除疲劳。那么对于焦虑、悲伤、紧张、烦躁等不同情绪又有怎样的音乐可以用来调适呢，以下介绍一些调适心理的音乐“处方”，你就可以根据自己的心情来选择适合的曲目了。

(1) 抑郁治疗：舒伯特的《圣母颂》，柴可夫斯基的《忧郁小夜曲》。

(2) 消除疲倦：贝多芬的《小提琴协奏曲》，萨拉萨蒂的《吉卜赛之歌》。

(3) 消除焦虑：巴赫的《四大键琴协奏曲》，莫扎特的《第一长笛四重曲》。

(4) 抚慰悲伤：李斯特的《叹息》，德彪西的《大海》。

(5) 消除焦虑、疑惑、仇视心态：西贝柳斯的《芬兰颂》，巴赫的《马太受难曲》。

(6) 补充“心灵维生素”：埃伦贝格的《森林水车》，柴可夫斯基的《四季》。

(7) 解决紧张症状：肖邦的《第六波罗乃兹・英雄》，勃拉姆斯的《第五匈牙利舞曲》。

(8) 消除怒气：柴可夫斯基的《1812 年序曲》，肖邦的《革命》。

(9) 排除心底“淤塞”：亨德尔的《焰火音乐》，约翰・施特劳斯的《电闪雷鸣波尔卡》。

(10) 失去信心的音乐处方：舒伯特的《魔王》，柴可夫斯基的《悲怆》。

(11) 有效催眠：德彪西的《梦》和《月光》，肖邦的《摇篮曲》。

2. 音乐与疗愈

音乐是千百年来人类的另一种语言，以独特的方式吸引人类为其沉醉。它是启发生命的声音，在这个世界之中另有一个世界。音乐，作为心理治疗的一种方法，能够激发出人体内储存的潜能，在意识与潜意识中架起一座桥梁，通过想象恢复与自然、社会外环境的平衡与协调，恢复心理平衡，消除病态(见图4-2-8)。

图4-2-8　疗　愈

(上海市杨浦区精神卫生中心　胡健)

第三节　抒情惬意田园风

随着生活节奏的不断加快，精神压力逐年增加，抑郁焦虑的情绪问题越发的普遍。而园艺美丽的植物和芳香的气味可以减轻压力，能让人们在紧张繁重的都市生活中有片刻“采菊东篱下，悠然见南山”的轻松惬意。在国外，园艺已然成为一种全新的心理治疗方法，以栽培植物为基础，强调人与植物的关联，美化园艺环境，打造令人心旷神怡的场所，以帮助患者尽快地摆脱痛苦的回忆，成为良好的心理康复工具。

一　园艺治疗

1. 历史

园艺疗法起源于17世纪末的英国，而后在美国发展壮大。1995年起日本的园艺疗法发展迅速，而中国至2000年才开始相关研究。

在园艺疗法中植物的色彩及视觉造型、嗅觉、触觉、味觉可以起到治愈的效果，园艺栽培的过程本身也有一定的疗效。

2. 游园活动可以改善情绪

园艺欣赏中，不同颜色、不同造型的花叶能形成不同的视觉效果，暖色调鲜艳夺目、欣欣向荣，令人精神振奋；冷色调的静、幽、清，给人安谧祥和之感；中性色配以暖色表现醒目雅致之感。

植物的花、叶、果、木等部位含有一定的芳香分子，各种芳香分子能够使人体产生不同的心理和生理反应，如众所周知的薰衣草、迷迭香、柠檬草等馥郁芬芳的植物能提高睡眠质量，并对焦虑症状有缓解作用。也有研究表明，长期置身于优美、芬芳、静谧的绿色环境中，可以减轻心脏负担，使嗅觉、听觉和思维的灵敏感增强。

古人云：隔篁竹，闻水声，如鸣佩环，心悦之。园林中植物叶片摩擦的沙沙声、泉水叮咚声以及蛙叫蝉鸣鸟儿啾啾，令人身心愉悦，仿佛从钢筋水泥的城市回到自然。如果阳台或屋顶等空间有限，无法完全模仿自然的声音，可以在花园中人为制造可以模拟自然的声音或者优美舒缓的音乐，来达到园艺疗法的目的。

3. 参与园艺实践，过程比结果更重要

欣赏植物的天然造型，欣赏植物带来的自然美景，抚摸植物的各个部分，轻嗅植物散发的天然气味，倾听自然的声音可以带来放松愉悦；亲手种植自己所属的植物，也可以把内心的焦虑、不安、悲伤、烦恼释放出来。体验孕育植物的小生命，看着它健康发育，充分体验过程的重要性，不以追求最终的结果为唯一目标，而是在生命的旅途中懂得享受与体验。

园艺疗法不只是单纯地每天重复浇水和施肥，而是需要多方面的照料植物：需要顾及天气变化，给予恰当的灌溉，锻炼个

体的责任感；为植物的种子松土除草，给植物作出适当的修剪，使其健康成长，增添专注力。透过植物栽培的活动方式，维持个体一定程度的运动量。

在园艺疗法中，对自己种植或养护的植物产生情感与认同，可以增强对生命及生活的热爱；每一次植物的形态变化，可以体验到付出后的收获，产生满足感与自豪感，感受到更多的“我可以”“我行”，因而有更高的自我效能感。在等候植物发芽、开花、结果的过程中，运用植物的象征意义挖掘参与者的内心力量，从中感悟生命的顽强；植物的四季轮回也可触动参与者正确积极看待生命、轮回、生死以及挫折与低谷。

园艺治疗师的交谈与分享，发觉个体在栽种过程中的获益与失败，体验内心情绪的变化，作为治疗后的效果评估和反馈。与亲朋好友或是同伴的交流过程中，从中得到他人的赞美，获得良好的成就感和自信心，重获与社会正常交流的能力，建立个体与社会环境的关系。

4. 不同情绪状态，总有一款方案适合你

一般来说病情较轻或缓解期的人群适合参与园艺活动；病情中等的患者则以药物治疗为主，园艺为辅导和指引作用；重度者不能服从指挥和正确使用园艺工具，甚至几乎不能参与园艺实践活动。

对于抑郁症状较为严重，没有动力进行实践性园艺活动的人群，可以在接受药物、物理等治疗的同时，在家人或工作人员陪同下进行园艺欣赏，让阳光、植物等自然环境协助改善情绪；或进行较为简单的植物栽培，维持个体一定的运动量，增加成就感和自信心。

对于抑郁焦虑中等的人群，可以在园艺治疗师的指导下进行较为系统的园艺疗法，通过植物栽培或园艺手工等方式，促进疾病改善，提高社会交往能力，逐步恢复社会功能。对于症状较轻或亚健康人群，可以在园艺疗法的参与中增加兴趣点和自信心，增进心身健康、消减疾病。

在栽培植物的选择上，便于照料的绿萝可以提供绿色的颜色刺激，帮助恢复精神状态、缓解压力，改善情绪和大脑功能。艾草、薄荷等芳香类的植物，可以带来视觉和嗅觉的双重享受。多肉植物组合较易打理，同时又能满足个性化的造型设计需求。可食用植物如草莓盆栽可以提供的视觉刺激有植株的绿色，草莓花的黄白色，以及果肉的由绿转红的动态色彩变化；可食用的植物芬芳更能激活大脑的多巴胺通路，发挥情绪调解的作用；当然草莓结果的成就感也较为直观鲜明。

二 宠物治疗

宠物治疗

在整个人类历史上，宠物既是人类的助手也是伴侣。饲养宠物有助于密切人们相互间的关系，增强自尊心，提高独立生活的能力。有研究显示，老年人对宠物的情感依恋与其抑郁症状的减轻有关。依恋宠物与孤独感的降低有关，幸福感也会随之增加。宠物对儿童自尊、自我概念及自主性等自我成长有积极影响。

1. 宠物治疗的由来

宠物治疗是一种利用人与宠物的连接来改善身心健康的治疗，是一种新兴的治疗方法。因为一些动物具有与人互动的能力，能满足患者的情感需要，从而辅助传统治疗改善身心健康。宠物治疗可以作为一种替代方式，帮助一些抑郁或者社会退缩行为的患者康复。宠物治疗最早始于18世纪，一家名为“The York Retreat”的精神病医院设计了一套程序，通过照顾兔子、禽类等小型动物，使患者获得自我控制和责任感。小动物可以让患者感到高兴的同时唤醒他们的社会感和仁慈感。

2. “毛绒绒”的治愈能力

“毛绒绒”真的有如此神奇的作用吗？从20世纪六七十年代，就有不少关于宠物与人类身心发展及健康的研究。其中儿童群体是研究者们关注的一个焦点。宠物除了对儿童的自尊、自我概念以及自主性等自我成长的重要方面有积极影响，对儿童的社会情绪发展也大有益处。养宠物的儿童其同情心水平、亲社会导向都高于不养宠物的儿童，更容易和他人建立友谊，对家庭氛围的感知能力也更敏锐。我国独生子女较多，养宠物的儿童更少体验到孤独感。通过与宠物的接触，使得儿童学会更多的忍耐、分享、关心、照顾他人以及建立亲密关系的技巧和知识，从而使得他们更富有爱心。

20世纪八九十年代的一项关于心脏病危险因素的调查显示，拥有宠物的被试者的血压、血脂水平显著低于不养宠物的人。宠物已经被证明可以减轻压力，缓解焦虑和抑郁，降低血压和增加内啡肽，并改善患者的疼痛。

2018年葡萄牙一项针对难治性抑郁症患者的研究发现，在坚持药物治疗的基础上，宠物治疗组表现出更高的缓解率。

既然“毛茸茸”能帮助缓解焦虑抑郁，但没有条件居家养宠物的人怎么办呢？美国有项入组249名大学生的研究显示：直接撸“毛茸茸”10分钟组、围观同伴撸宠10分钟组、看萌宠图片10分钟组和对照组四组的结果显示，直接撸“毛茸茸”组的压力缓解最有效果，其次是围观他人撸宠组以及看萌宠图片组。这也给宠物疗法开拓了新思路。

3. 铲屎官的猫狗之争

既然养宠物对身心健康有益，那养什么有讲究吗？鉴于目前宠物疗法相关的研究中，猫狗占绝大多数，这可能也是因为猫猫狗狗与人的互动更多，遛狗逗猫的日常任务可以维持每日所需的活动量改善情绪。小众宠物如爬行类等的研究资料不足，先给大家说说喵星人和汪星人的差异呗。

有研究数据表明，喜欢喵星人的人群性格更偏内向，这也许可以解释在某些研究中显示的养猫的人群更容易出现抑郁情绪并非是养猫行为本身造成的，而是性格基础的关系。日本有研究显示抚摸猫可以改善独居猫主人的情绪。

另外遛狗的每日运动量还是比逗猫大，这也是改善抑郁焦虑情绪的一大助力。

4. “毛茸茸”的烦恼

似乎看上去居家养宠优点多多，但的确也存在一些问题需要考虑，比如猫猫狗狗可能存在的传染病问题，这在居家养宠物抑或去动物咖啡馆类似的地点撸别人家的猫猫、狗狗时需要注意的地方。科学养宠物、及时地给萌宠注射疫苗、按时体检等可以减少传染病的风险。在专业人士的指导下进行安全有效的人宠互动也可减少猫狗抓咬伤的风险。

另外，对于宠物死亡的哀伤是否会带来负面影响，这就牵涉如何正确积极看待生命、轮回和生死，可以在和治疗师交流沟通的过程中以及萌宠主人间的互动中去调整。

随着新型服务业如猫咖、狗咖等宠物互动营业模式的逐步成熟，可以给没有条件居家养宠的人群提供定点撸宠的选择；而随着互联网技术的发展，视频平台云养宠的模式也可以给时间或者经济不宽裕的人群提供一些支持。

（上海交通大学医学院附属精神卫生中心　徐逸）

第四节　园艺疗法与抑郁症康复

近年来，园艺治疗这一针对抑郁症的辅助疗法逐渐被患者所接纳。研究发现“园艺疗法”能够改善低落的情绪，缓解疼痛、心慌等躯体不适感，对抑郁症的康复具有很大的帮助作用。

一　什么是园艺疗法

美国园艺疗法协会对于园艺疗法的定义是：利用园艺操作等一系列活动调整身体、心理和社会功能的一种辅助性治疗方法，即通过园艺的手段辅助解决各种身心问题的疗法。广义地讲，园艺疗法是指通过种植（包括庭院、绿地打理等）及与植物养护相关的活动（园艺、花园等）达到促进身心和社会功能恢复的疗法，是将艺术和心理治疗结合在一起的一种独特治疗方式。在场地条件允许的情况下，参与者可以在户外进行各项园艺治疗活动，接近大自然可以使得康复效果更好。

二 园艺疗法与抑郁症康复

园艺疗法与抑郁症康复

1. 园艺疗法对于抑郁症康复的好处

据相关研究显示,园艺疗法对于抑郁症患者的康复有以下效果。

(1) 减轻抑郁症患者的抑郁情绪。园艺疗法能够让抑郁症患者有机会置身于各种丰富多彩的园艺活动中,这有助于分散和转移其对自身病情和不良情绪的注意力,改变原先单调的生活模式,将对症状痛苦的片面关注转向对于现实生活之美的发掘,尽可能减少抑郁症患者的焦虑、抑郁等负性情绪。

(2) 改善抑郁症患者的生活质量。在用心照顾植物后看到自己的成功果实所产生的责任感和成就感,可以促进其注意到过往生命经历中的成功经验与记忆,转移其对于自身失败经历的注意力,减轻自责自罪感,进而达到自我肯定,减轻心理压力,大大提升抑郁症患者的生活质量。

(3) 改善抑郁症患者的社会功能。首先,对于住院的抑郁症患者而言,园艺疗法可以提高人际交往能力,增强集体观念,改变由于长期住院带来的被动和自我意愿丧失状况,使患者自我价值感及回归社会的能力得到提升,促进社会功能恢复。其次,对于在社区进行康复的抑郁症患者而言也是相同,疾病的反复发作可能会让其减少与社会的接触,但是在园艺治疗的进行过程中同样需要与园艺老师和同伴进行交流,增加其与身边人沟通交流的机会,有效提升社会功能。

2. 抑郁症患者如何通过园艺疗法进行康复

(1) 善于就近寻找身边的资源,找到可提供园艺治疗服务的康复项目。目前在精神专科医院中，园艺治疗服务一般由本院的医务社工部或者康复科等机构邀请专业的园艺治疗师为患者提供治疗。抑郁症患者可向自己所就诊医院的医务社工部咨询是否可以连接相关的园艺治疗资源康复供使用。

(2) 调整心态，寻找适合自己的具体操作方法。园艺疗法需要活动参与者付出适量的脑力及体力劳动，但是需要注意适当增加日常活动量即可，不要因为完成某些项目造成过大的生理和心理负担，重点是通过整地、施肥、播种、管理和采牧等方式唤醒内心对大自然之美的感受，保持心情愉悦，让压力得到释放，促生积极的心理感受，减轻心理压力和提高自信心。

如果没有户外操作和专业老师指导条件的，也可以在日常生活中在家里摆弄花花草草，去当地花鸟市场购买便于打理的盆栽后回家自学操作方法。若有深入接触园艺的机会，则可以以专注的精神从中钻研出许多养花的技巧和精髓，去学习更多植物养护的知识，并向专业的老师请教，为在日常生活中自行养护植物提供帮助。

(3) 在园艺疗法的操作过程中，尽可能恢复自己的社会功能。在园艺疗法操作的全过程中，参与者不仅需要和植物打交道，还需要主动与同伴和老师进行交流和探讨，分享成功经验以及交流受挫的原因，遇到困难及时向园艺老师寻求帮助。在其日常居家养护植物的过程中，当获得收获时也可以和身边人进行分享。

三 园艺疗法适用于哪些抑郁症患者

园艺疗法的一个特点是所要求使用的技术简单，即作为体验性的活动，不需要使用到太复杂的技术，只要愿意欣赏植物之美，不同年龄和背景的人都可以参与进来。另外，园艺疗法所带来的不良反应较小，危害也较小，除了在使用剪刀等较为锋利的工具时需要注意外，并无太多的特殊个人防护要求，对是否有相关经验也没有要求。因此，除了先前有过相关经验的抑郁症患者可以参与到园艺治疗的活动中外，同样适合从来没有养护植物经验的抑郁症患者参与进来。在参与园艺疗法的活动过程中，抑郁症患者可以根据自己的意愿和目前的状况来决定是否需要和他人进行交流，在获得足够支持的同时也避免形成太大的社交压力。

不得不说园艺疗法只是一种辅助的心理疗法，专业的药物治疗和心理咨询仍然是解决抑郁等实质性心理问题的钥匙。

（上海市虹口区精神卫生中心　李川，汪作为）

第五节　芳香疗法的应用

从古至今，对气味所包含的情绪价值的探索与应用一直在继续。今天，芳香疗法的含义以及应用领域得到了极大的拓展。随着现代医药的发展，芳香疗法在治疗疾病方面的作用在逐渐弱化，而作为替代疗法或者补充疗法的应用得到了极大的发展，进而衍生出了芳疗师等职业。由于芳香疗法的日益普及，大量的芳香产品也被应用到日常生活中的各个方面，并且与主流医学相结合，在调节情绪、提高人们的生活质量方面发挥积极的作用。

一　芳香疗法产生以及应用的历史

芳香疗法是指采用从草药、花和其他植物部位提取的浓缩精油，通过按摩、香薰、沐浴等方法作用于人体，从而达到治疗疾病、促进身心健康目的。芳香疗法这一概念最早在 20 世纪 20 年代由法国化学家雷内·莫里斯·加特弗索提出，但是人类应用香味的历史最早可以追溯到六千多年前。古埃及人会在沐浴之后用从芳香油进行按摩来保护肌肤，印度民间医学也包含了运用芳香油护理身体的理论与实践。我国古代也有熏疗、艾蒸等的传统，佩戴香囊、以芳香植物晒干作枕助眠，以及使用香花香草入浴也是常见的习俗。宋朝，芳香物质的使用流行开来，并且产生了《香史》《名香录》等系统总结性著作。清代吴师机的《理瀹骈文》，对芳香疗法的作用机理、辨证论治、用法用量等做了系统的阐述，芳香疗法的研究与实践产生了质的飞跃。

二 芳香疗法对情绪的调节作用与原理

芳香疗法对情绪的调节作用在多项研究中被证实。芳香疗法最常用的介质是各种精油。精油成分通常具有亲脂性，并且分子链通常比较短，这使得它们极易渗透入皮肤，借皮下脂肪下丰富的毛细血管进入体内。同时，精油所含有的高挥发物质，可由鼻腔黏膜组织吸收进入身体。精油的主要成分包括萜烯类、酯类、醛类、醇类、有机酸类、酮类、酚类等，这些有效成分可以起到调节人体循环、内分泌等系统的作用，减轻焦虑、烦闷、愤怒等情绪，舒缓身心，起到综合调理全身状态、保持身心健康的作用。

精油也可通过嗅觉影响情绪。嗅觉和情绪系统的加工中心都位于大脑的杏仁核、海马、眶额皮层和脑岛，嗅觉刺激能够直接诱发不同的情绪状态，如悲伤、喜悦、兴奋、厌恶等。此外，吸入精油首先刺激到鼻上皮中的嗅觉受体细胞，这些嗅觉受体细胞与嗅球相连，信号通过嗅球和嗅束传递到大脑的边缘系统和下丘脑，以及嗅觉皮层，促进神经递质（例如血清素、内啡肽等）的释放，从而导致与精油使用相关的情绪预期效果。

此外，香气具有明显的心理暗示作用，可以直接对情绪产生影响，并且不受到主观意识的调控。基于个体的成长体验，不同的气味可以唤起人们个体化的情感回忆，从而产生特定的情绪联想。所以，选择可以让你进入到愉悦的联想情境的味道，从而在心情低落的时候得到疗愈。

三 芳香疗法的具体应用

1. 主要功效

（1）帮助放松。越来越多的人会选择正念、冥想、瑜伽、太极等日常舒缓放松方式来度过休闲时间。当你在进行这类活动时，可以选择一款适合自己的香味进行香薰，有助于更好地进入状态，达到更好的放松舒缓效果。

（2）助眠。睡眠问题困扰着当今社会许多人，在睡前使用精油按摩放松身体，使用香薰营造一个舒适的入睡环境等。芳香疗法是一种可以尝试的调整睡眠节奏、改善睡眠质量的辅助疗法。

（3）减轻疼痛。芳香疗法作为一种方便、快捷、有效的治疗方法，在缓解疼痛方面逐渐得到越来越多学者的重视。它对于痛经、慢性头痛、产科疼痛、癌痛、骨折患者术后疼痛症状的缓解有一定的作用，配合其他止痛方案使用，可起到增强止痛效果的作用。

（4）缓解抑郁焦虑症状。对于抑郁焦虑症状，首先需要及时到正规医院寻求专业的治疗，芳香疗法目前不适合用作首选的抗焦虑方法使用。但是芳香疗法可以帮助抑郁焦虑患者进行日常的情绪自我调节。研究表明，芳香疗法具有轻微、短暂的抗焦虑作用，现在也被广泛应用于伴躯体化症状的情绪障碍的康复。

2. 作用方式

芳香疗法涉及包括嗅觉、味觉和触觉，其发挥作用目前主要通过吸嗅、口服、透皮三种方式。吸嗅时常常需要精油配合各种扩香工具来使用，例如扩香石、香薰机、香薰蜡烛等，使精油成分可以更好地被吸收。口服芳香疗法一般不建议自行尝试，须在专业医师或者芳疗师指导下使用。透皮主要是用芳香精油作为介质进行按摩。

3. 作用途径

芳香疗法主要发挥作用的成分是各种精油产品，根据使用途径的不同，精油通常以不同的浓度使用，香薰按摩使用1%～5%的精油，口服使用8%～50%的精油，吸入香薰通常使用浓缩精油。日常生活中所接触的精油质量参差不齐，用量和纯度并没有标准化，需要根据购买的产品种类不同加以合理应用。

四 具有情绪调节作用的香气类型

目前市面上精油产品种类繁多，单一与复合精油、各种香气的精油产品层出不穷，如何挑选适合自己的气味呢？尽管个体对气味的感知具有相当大的主观性，但还是有一些香气对大多数人可以起到积极的情绪导向作用。这里列举几个常用的气味类型，你可以根据自己的需求与喜好，不断尝试，直到找到最适合自己的味道。

（1）薰衣草香型。薰衣草精油是目前应用较多的，具有明显舒缓作用的精油之一。薰衣草精油的气味温和、安静，蒸发的薰衣草化合物“芳樟醇”能发挥镇静作用，可用来帮助人们减轻术前压力和焦虑症。

（2）柑橘香型。柑橘精油气味清爽自然，兼具果香与淡淡花香，可以缓解抑郁焦虑的情绪，还具有提神醒脑的功效。

（3）快乐鼠尾草香型。快乐鼠尾草精油具有强烈的香草气味，混合甜味及茴香、樟脑的香味，味道较为复合，可以使人心情愉悦。

（4）玫瑰香型。玫瑰精油也是常用的精油之一，气味缓和，又兼具浪漫气息，可以帮助舒缓神经紧张和压力。

五　应用芳香疗法的注意事项

芳香疗法可以帮助我们进行日常的情绪调整，但是需要注意的是，芳香疗法并不能替代专业的心理咨询以及药物治疗。当发现情绪波动超过了自我调节的极限，影响正常的工作生活，此时，及时寻找正规的专业帮助是十分必要的。对于某些疼痛，需要尽快去医院查明病因，及时解决。

在使用各种香薰精油等产品时，特别是吸入性的，要排除过敏的风险。某些精油具有光敏作用，使用的时候如果接触强烈的阳光，会加剧黑色素的产生，因此在使用的时候要注意精油产品的使用说明，以及注意防晒。

孕妇、老人、儿童等人群谨慎使用。

在选购精油产品的时候，需要保证产品的质量以及安全性，使用质量较差的精油或者是不按照操作规范正确使用，不仅不能起到很好的作用，还可能会产生过敏、恶心、头痛等不良反应。精油的储存需要注意避光等，注意保质期。

芳香疗法历史悠久，应用广泛。随着时代的发展，芳香疗法的应用领域也在随着人们的需求变化而逐渐变化，其在治疗疾病方面的作用逐渐被保健调节作用所取代；而运用芳香疗法进行日常情绪管理，这一方法逐渐被越来越多的人接受并且尝试。根据自己的需求选择合适自己的香味类型以及应用场景，有助于在日常生活中进行情绪自我调节、提高生活质量。在选择精油种类的时候，薰衣草、柑橘等味道是具有普适性的，起到舒缓作用的精油，可以从简单的精油尝试，然后逐步选择其他适合自己的、复合型的精油产品。对于精油产品的使用，可以选择精油按摩，或者选择带有精油的香薰蜡烛，或者结合香薰机、扩香石等使用，注意按照说明正确地使用和保存精油产品。芳香疗法是一种辅助方法，不要过分依赖，当发现情绪的波动超出了自我调节的范围，应及时寻求专业的帮助，进行更规范的治疗。

（上海交通大学医学院附属精神卫生中心　张梦珂）

第六节　让心灵在身体中栖息

瑜伽起源于梵语，意为“联结、结合”，印度圣哲帕坦伽利(PATANJALI)所著的《瑜伽经》定义瑜伽为一种精神和肉体结合的运动。而现代瑜伽是指将调身的体位法、调息的呼吸法、调心的冥想法结合，从而深刻感知身体的不可控部位，从而达到身、心、灵和谐统一。

一　瑜伽如何帮助抑郁症患者自我康复

瑜伽主要通过对自主神经系统的调节、增强信念和信心及调节情绪状态而达到对抑郁症患者从身到心的康复作用。自主神经系统由交感神经系统及副交感神经系统两部分组成，参与调节机体生理心理功能，自主神经系统的失衡会影响个体身体及情绪状态。瑜伽通过深呼吸，唱诵，静思冥想，瑜伽体式等方法可激活机体副交感神经，抑制交感兴奋，从而起到减慢心率及增加机体供氧的作用，使焦虑不安的情绪得到释放，压力得到缓解。瑜伽体式有助于训练者增强自信心，例如山式站姿等站立体式可加强训练者认知-自我评价之间的联系，伸展体式可使训练者感受到力量以及自我独立，连续 6 周的瑜伽训练可以使训练者在应对应激事件时表现得更为自信及积极。瑜伽大师艾扬格著作里写道“打开腋窝,你就会快乐”。利用打开腋窝体式使得胸腔开阔,从而饱满呼吸,令人愉悦安定。研究发现,8 周的瑜伽训练可使抑郁症患者消极情绪减少,积极情绪增加。同时,瑜伽可使个体对身体的反应态度积极化,对自我更有怜悯心。瑜伽中的觉察及接纳身体的感知可以对大脑及身心产生巨大的改变,促进症状康复。而自信心的建立,有助于患者积极乐观地应对生活事件,减少病情复发。

二 如何选择有效的瑜伽训练方式

瑜伽训练种类繁多,不同的瑜伽流派练习侧重点不同。对于如何使用瑜伽进行情绪的调节,我们不主张抑郁症患者选择特定的流派进行练习,而是关注于一呼一吸,在放松与紧张的节律之间,觉察肌肉在不同体式下的状态,从而将这种对节律的感知运用于日常生活中。在呼吸节律的变化中会发现,当你越是焦虑于某一单一瑜伽动作的完成度时,你越可能会失去平衡及控制,因此我们不强调患者关注于动作完成得是否标准,而是将关注点转移至当下的呼吸及身体的变化。

1. 静态冥想

对于没有瑜伽训练基础的抑郁症患者,可尝试选择以呼吸为引导的静态冥想瑜伽进行训练,包括观呼吸冥想、烛光冥想、曼特拉冥想。

(1) 观呼吸冥想法。要求选择舒适的简易坐姿,挺拔后背,将注意力集中于一呼一吸,深深吸气,缓缓吐气,在一呼一吸中放松面部及全身肌肉。在感受呼吸的节奏、快慢、深浅的同时获得身心放松。

（2）烛光冥想法。需要在身体前方与视线同高或稍低处放置蜡烛，放松呼吸的同时用双目注视蜡烛，在注视较长时间后闭眼，尽量在脑海中抓住蜡烛的影像，当蜡烛影像消失后睁开眼睛重复这一过程，并逐渐延长每次注视时间。

（3）曼特拉冥想法。通过唱诵梵文语音而达到心绪宁静的作用，常用的梵音为 OM 语音，需自然流畅地从心底发出“O”音，然后慢慢转至“M”音，让声音延长并充满整个身体，从而得到身心完全地放松。

2. 动态冥想瑜伽串联

对于有瑜伽训练基础的抑郁症患者，可选择动态冥想瑜伽串联的方法，通过将身体可控部位拉伸至极限，使意识短暂抽离，进而感受身体不可控部位的变化。

动态冥想瑜伽串联带来的身体感觉变化也会影响对时间的感受性，在冥想瑜伽体式的练习中，你会发现伴随着高难度体式的是时间的延长，而在简易体式的完成中时间转瞬而逝。不同的瑜伽流派强调不同的训练侧重点，我们推荐抑郁症患者选择哈他瑜伽、阿斯汤加瑜伽、流瑜伽、阴瑜伽四种流派的瑜伽进行训练，可根据自身能够承受的力量强度选择不同的流派进行训练。对于没有基础的训练者建议在瑜伽老师的指导下进行。

三　如何进入瑜伽练习

瑜伽放松

（1）选择舒适的环境。穿着宽松舒适的服饰，静坐时需保暖避免吹风；选择安静的环境，关闭电视及手机等能发出噪音的电子设备；可侧耳聆听窗外的鸟叫声、车流声，诸如此类的自然声音更有助于专注及入定。

(2) 有规律的练习。可在每天固定时间进行瑜伽,清晨5～7点或午餐前11～12点都是不错的练习时间,尽量避免餐后及饮酒后进行冥想瑜伽练习。每次瑜伽时间尽量控制在15～30分钟,时间过短及过长均难达到较好的效果。经过坚持训练会发现自己习惯或渴望瑜伽练习的到来。

(3) 适合自己的体式。选择自己能完成的瑜伽体式,比如简易坐姿、金刚坐姿等静态瑜伽方法。过难的瑜伽体式常常会影响专注,同时会造成韧带拉伤等身体不适而起相反的作用。瑜伽体式仅为一种媒介,并非瑜伽的终点,当对某一体式充分感知后,需在呼吸的引导下超越体式。

(4) 温和地结束练习。瑜伽结束后,可选择呼吸、搓手、按摩双腿等方法将身体苏醒1～3分钟,起身后行走3分钟。避免结束时立刻起身、快走等行为。结束后避免进食生硬、清冷食物及饮用凉水,口渴时可选择温水。建议于结束1小时后进食。

(5) 将瑜伽当作人生必修课。冥想是联系自我内在和外界环境的有效方法,可将瑜伽的方法融入生活,将瑜伽中对自我身体及头脑感知的方法运用到生活中,自我超越会自然发生。

四 可推荐的瑜伽音乐

水软风轻的瑜伽音乐,能够促进瑜伽体式的进入,平息冥想时心底的躁动不安,让心灵得到温暖和滋养。英国心灵音乐大师特瑞·欧菲尔德(Terry Oldfield)的音乐作品用古典及现代乐器模仿自然界的声音,缥缈空灵、柔和温暖,推荐用于抑郁症患者冥想瑜伽训练。代表作有:《Moola Mantra》《Mangalam》。

抑郁症是以显著而持久的心境障碍为主要特征的一种疾病，常被称为“黑狗”“蓝色隐忧”。当抑郁的情绪症状出现时，个体不能感受自身在特定情景中的真实感受，不能察觉身体的需要，进而出现一系列抑郁躯体症状。抑郁症以药物治疗为主，能有效缓解不良情绪，促进症状好转，但部分患者在患病后表现挫折耐受性差、情绪脆弱、对评价敏感等，常因生活事件的应对不良而出现疾病复发。瑜伽是一种通过有规律的拉伸使意识集中于当下的方法，在抑郁症的长期缓解及预防复发中发挥一定的作用。

（上海交通大学医学院附属精神卫生中心　王嫰媞，魏喆懿）

参考文献

[1] 徐初琛,黄海婧,洪武,等.人际社会节奏治疗在双相障碍和抑郁障碍应用的研究进展[J].神经疾病与精神卫生,2019,19(12):1079-1083.

[2] Hong W, Zhang Q. Biological rhythms advance in depressive disorder[J]. Adv Exp Med Biol,2019,1180:117-133.

[3] 洪武,方贻儒.妊娠及哺乳期妇女双相障碍的治疗[J].中华临床医师杂志(电子版),2015,9(20):3764-3767.

[4] Chen Y, Hong W, Fang Y. Role of biological rhythm dysfunction in the development and management of bipolar disorders: a review[J]. Gen Psychiatr, 2020,33(1):e100127.

[5] 中国抑郁障碍协作组.伴生物节律紊乱特征抑郁症临床诊治建议[J].中华精神科杂志,2019,52(2):110-116.

[6] 翟秀丽.两种植物精油对人抑郁情绪缓解的实验研究[D].杭州:浙江农林大学,2012.

[7] 张业旖,袁勇贵.芳香疗法在老年心身疾病中的运用[J].实用老年医学,2020,34(11):1114-1118.

[8] 徐培杰.芳香疗法[J].食品与生活,2020(11):72-74.

[9] [美]贝克(Judith S. Beck)认知疗法基础与应用[M].王

建平，译. 北京：中国轻工业出版社，2013.

[10] 庄乙潇，林燕丹. 光疗对情绪障碍疾病的治疗及研究现状[J]. 照明工程学报. 2018，29(6)：5 - 15.

[11] 王志强，王庆松. 高脂饮食致大鼠学习记忆损伤相关海马树突棘改变[R]. 成都：中华医学会全国神经病学学术会议，2015.

[12] 赵旭东，王向群，心身医学实践[M]. 北京：中国协和医科大学出版社，2015.

[13] 司天梅，Maudsley 精神科处方指南[M]. 北京：人民卫生出版社，2016.

[14] 陆林，沈渔邨. 精神病学[M]. 北京：人民卫生出版社，2018.

[15] 李凌江，马辛. 中国抑郁障碍防治指南(第二版)解读：概述[J]. 中华精神科杂志，2017，50(3)：167 - 168.

[16] 汪向东，王希林，马弘. 心理卫生评定量表手册增订版[M]. 北京：中国心理卫生杂志社，1999.

[17] 张明园，何燕玲. 精神科评定量表手册[M]. 长沙：湖南科学技术出版社，2015.

[18] 中国睡眠研究会. 中国失眠症诊断和治疗指南[J]. 中华医学杂志，2017，97(24)：1844 - 1856.

[19] Ranjay Kumar(岚吉). 帕坦伽利《瑜伽经》核心概念研究[D]. 杭州：浙江大学，2017.

[20] 蕾切尔·达恩利-史密斯，海伦·M. 佩蒂. 音乐疗法[M]. 陈晓莉，译. 重庆：重庆大学出版社，2016.

[21] 马前锋. 音由心生乐者药也[D]. 上海：华东师范大学，2008.

[22] 张俊莉.《黄帝内经》中医养生智慧大全[M].西安：西安交通大学出版社，2016.

[23] 成向东.人体经络按摩祛病养生一本就够[M].湖南：湖南科学技术出版社，2019.

[24] 陈英.自我放松训练对减轻老年慢性病患者抑郁程度的实践研究[J].中医临床研究，2016，8(24)：79－80.